Jorge Amat Fernández

Compreender a base molecular da migração das células germinativas primordiais

Jorge Amat Fernández

Compreender a base molecular da migração das células germinativas primordiais

Migração do PGC no peixe-rei de cauda amarela

ScienciaScripts

Imprint

Any brand names and product names mentioned in this book are subject to trademark, brand or patent protection and are trademarks or registered trademarks of their respective holders. The use of brand names, product names, common names, trade names, product descriptions etc. even without a particular marking in this work is in no way to be construed to mean that such names may be regarded as unrestricted in respect of trademark and brand protection legislation and could thus be used by anyone.

Cover image: www.ingimage.com

This book is a translation from the original published under ISBN 978-620-2-05496-6.

Publisher:
Sciencia Scripts
is a trademark of
Dodo Books Indian Ocean Ltd. and OmniScriptum S.R.L publishing group

120 High Road, East Finchley, London, N2 9ED, United Kingdom
Str. Armeneasca 28/1, office 1, Chisinau MD-2012, Republic of Moldova, Europe
Printed at: see last page
ISBN: 978-620-7-73490-0

Resumo

O peixe-rei de cauda amarela (ordem Perciformes) habita as águas tropicais e temperadas do hemisfério sul. Podem ser cultivados com sucesso na Austrália e, por conseguinte, muitos pormenores fundamentais sobre a base molecular do desenvolvimento larvar podem ser facilmente estudados. Em particular, o mecanismo molecular preciso da formação das gónadas é de interesse devido às implicações na nossa compreensão do desenvolvimento dos gâmetas. Até à data, pouco se sabe sobre o mecanismo de migração das células germinativas primordiais (PGC) que conduz à formação das gónadas em qualquer peixe perciforme. Neste estudo, isolámos três genes-chave do peixe-rei de cauda amarela que podem estar envolvidos na migração das PGC, nomeadamente o fator derivado de células estromais (SDF1), o recetor de quimiocinas 4 (CXCR4) e o recetor de quimiocinas 7 (CXCR7). As análises da expressão genética mostram que são produzidos continuamente ao longo de 1-22 dias após a eclosão e cada um deles apresenta uma localização distinta nas fases larvares investigadas. Em conjunto, estes resultados fornecem uma plataforma para estudos futuros sobre a maquinaria molecular dos peixes perciformes migradores PGC, com vista ao desenvolvimento final de reprodutores substitutos inovadores para o atum rabilho do Sul.

ÍNDICE DE CONTEÚDOS:

Lista de abreviaturas:

PGC: Células germinativas primordiais, SDF1: Fator 1 derivado de células estromais, CXCR4: Recetor de quimiocinas 4, CXCR7: Recetor de quimiocinas 7, CXCR1: Recetor de quimiocinas 1, GPCR: Receptores transmembranares acoplados à proteína G, CXCR: Recetor de quimiocinas, SBT: Atum rabilho do Sul, YTK: Peixe-rei de cauda amarela, IUCN: União Internacional para a Conservação da Natureza e dos Recursos Naturais, SDF: Fator derivado de células estromais, DPH: Dias após a eclosão, cDNA: DNA complementar, RT-PCR: PCR em tempo real, PCR: Reação em cadeia da polimerase, ARP: Proteína fosfatase ribossómica, NCBI: Bases de dados do Centro Nacional de Informação Biotecnológica, ISH: Hibridização in situ ation, WMISH: Hibridização in situ de montagem completa,

Agradecimentos:

Gostaríamos de agradecer à University of the Sunshine Coast pela bolsa URG concedida a AE e SC. O projeto foi também apoiado pelo orçamento de investigação de honra da USC para JF.

Este trabalho não foi anteriormente apresentado para obtenção de um grau ou diploma em qualquer universidade. Tanto quanto é do meu conhecimento e convicção, a tese não contém qualquer material previamente publicado ou escrito por outra pessoa, exceto quando é feita a devida referência na própria tese.

Jorge Amat Fernandez

16 de maio de 2011

1. Revisão da literatura

Neste estudo, investigámos as quimiocinas e os receptores de quimiocinas no peixe-rei de cauda amarela e investigámos o seu papel na migração das células germinativas primordiais através de uma análise da expressão genética espacial e temporal. Este conhecimento é o primeiro para um peixe da ordem dos Perciformes e pode contribuir para a otimização da tecnologia de reprodutores substitutos; uma técnica nova e inovadora que pode revolucionar a aquacultura de peixes, e idealmente aplicada ao economicamente valioso atum rabilho do Sul.

1.1 Introdução ao desenvolvimento gonadal

A estrutura da gónada dos peixes é semelhante à de outros vertebrados, composta principalmente por células germinativas e células somáticas de suporte associadas (Delvin, *et al.*, 2002; Nagahama, *et al.*, 2002). As células somáticas têm origem em células do mesoderma paraxial onde se desenvolve o primórdio gonadal, enquanto as células germinativas derivam da linhagem da linha germinativa.

As células germinativas primordiais (PGC's) são os progenitores da linhagem de células germinativas, dando origem a espermatogónias ou oogónias após a conclusão da diferenciação gonadal (Yoshizaki, *et al.*, 2002), com o potencial de criar organismos completos após a fertilização (Wylie, *et al.*, 1999). Em muitos organismos diferentes **(Figura 1),** os PGCs se formam no início do desenvolvimento, em uma posição distante (áreas extragonadais) daquela que formará a gônada durante o desenvolvimento larval (Nieuwkoop, *etal.*, 1979; Raz, *etal.*, 2004)

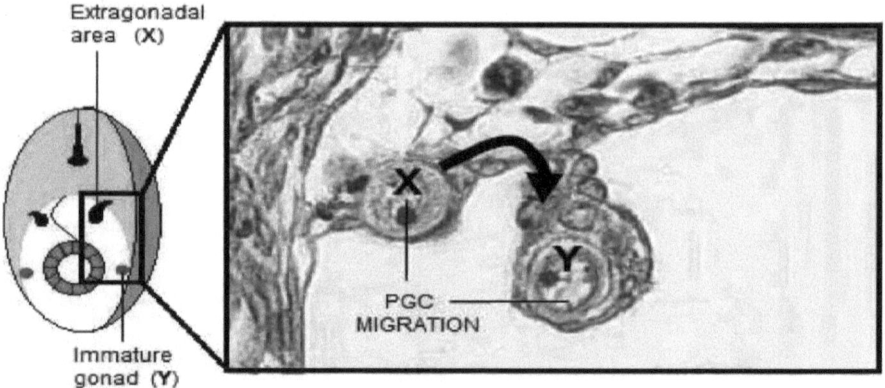

Figura 1. Migração de células germinativas primordiais em larvas de peixe. **(A)** Secção transversal esquemática através de um 4DPH típico de larvas de peixe. (B) Representa a ampliação histológica da área em caixa em A), mostrando o início da migração das células germinativas primordiais (PGC) da área extragonadal X para a região da gónada imatura em Y (modificado da apresentação de Yoshizaki, conferência Larvi, 2009).

1.2 Os componentes envolvidos na migração das células germinativas primordiais: quimiocinas e receptores de quimiocinas

As quimiocinas pertencem a uma família de pequenas proteínas que são produzidas por vários tipos de células e desempenham papéis importantes na migração e ativação celular (Nomiyama *et al.*, 2008].

Enquanto moléculas sinalizadoras, regulam ativamente processos como o tráfico de leucócitos, a hematopoiese, a angiogénese e a organogénese (Laing, *et al.*, 2003; Vladdi, *et al.*, 1997). As proteínas podem ser classificadas como quimiocinas de acordo com características semelhantes, como o tamanho (são todas aproximadamente 8-10 quilodalton), a semelhança (são 20-50% semelhantes na sequência de aminoácidos entre si) e todas contêm quatro resíduos de cisteína em locais conservados que ajudam a produzir a sua forma tridimensional (Richardson, *etal.*, 2004). Estas características podem ser utilizadas na procura da identificação de proteínas semelhantes em espécies menos bem caracterizadas, como o atum e o peixe-rei.

As quimiocinas exercem os seus efeitos biológicos através da interação com receptores transmembranares acoplados à proteína G (GPCR), conhecidos como receptores de quimiocinas, que se localizam seletivamente na superfície das células-alvo e ligam moléculas cognatas. Dependendo do tipo de quimiocina que ligam, os receptores de quimiocinas podem ser classificados em quatro famílias: CXCR, CCR, CL e CX3R (Zlotnik, *et al.*, 2000). Os CXCR, que são todos pequenos, semelhantes em comprimento de aminoácidos (cerca de 350aa), têm uma região curta para a ligação de ligandos e têm a caraterística típica dos GPCR de sete domínios transmembranares helicoidais, dentro dos quais existem três anéis hidrofílicos externos e internos. As extremidades C-terminais de todos os CXCRs são compostas por resíduos de serina e treonina que são importantes para a regulação do recetor (Nomiyama, *etal.*, 2008).

Para migrar para o seu local de destino, os PGC obtêm pistas direccionais de células posicionadas ao longo do seu percurso de migração. Isto tem sido estudado em diferentes organismos, como insectos (por exemplo, mosca da fruta), anfíbios (por exemplo, rã), mamíferos (por exemplo, rato), aves (por exemplo, galinha) e várias espécies de peixes (por exemplo, peixe-zebra e medaka) (Ara, *et al.*, 2003; Doitsidou, *etal.*, 2002; Molyneaux, *etal.*, 2003; Herpin, *etal.*, 2008). Um desses estímulos, a quimiocina fator 1 derivado de células estromais (SDF1) e o seu recetor recetor de quimiocinas 4 (CXCR4) foram recentemente considerados críticos para a migração adequada de PGC em peixe-zebra e ratinhos (Ara, *et al.*, 2003; Doitsidou, *et al.*, 2002; Molyneaux, *etal.*, 2003).

Um resumo do processo de migração de PGC no peixe-zebra é apresentado na **Figura 2**. A quimiocina SDF1 é produzida e segregada a partir de células somáticas, enquanto o GPCR que se liga à SDF1, CXCR4, se encontra nas membranas das células germinativas (Knaut, *etal.*, 2003). Quando o SDF1 se liga ao CXCR4, as proteínas G internas são libertadas e permitem a continuação da sinalização intracelular, conduzindo ao movimento das células em direção ao estímulo (Murdoch, *et al.*, 2000; Horuk, *et al.*, 1994). Em contrapartida, o CXCR7 está localizado nas membranas das células somáticas circundantes e controla o nível da quimiocina difusível no espaço extracelular. O CXCR7 parece possuir domínios especiais que facilitam a interação com componentes que aumentam a sua internalização (Sasado, *etal.*, 2008).

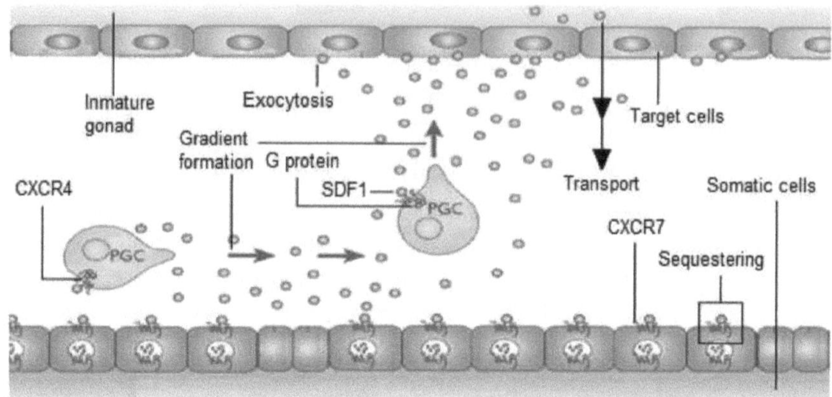

Figura 2. Esquema mostrando a migração de células germinativas primordiais (PGC) para a camada gonadal, envolvendo os componentes moleculares: SDF1, fator 1 derivado de células estromais; CXCR4, recetor de quimiocinas 4; CXCR7, recetor de quimiocinas 7. Mostra como a PGC que é gerada nas áreas extragonadais (ver Figura 1) migra para a camada gonadal, interagindo com o SDF1 segregado pela camada gonadal. As PGC trazem o SDF1 através do CXCR4, presente na membrana das PGC. Forma-se um gradiente de concentração devido ao sequestro, através do CXCR7, presente na camada somática (modificado de Brain, et *al.*, 2010).

1.3 Transplante de células germinativas para a produção de substitutos

A tecnologia de transplante de células germinativas de uma espécie para outra é potencialmente uma ferramenta poderosa no domínio da conservação genética e da piscicultura. Por exemplo, a produção de sementes para peixes com corpos grandes e tempos de geração longos é dispendiosa, exige mão de obra intensiva e requer um espaço de cultivo extenso (Shinya, et *al.*, 2010). Partindo do princípio de que as células germinativas desses peixes podem ser transplantadas para espécies estreitamente relacionadas, mas mais pequenas, com tempos de geração mais curtos, os peixes progenitores substitutos podem produzir descendência derivada do dador com tempos de maturação muito mais curtos e num espaço de criação mais confinado (Okutsu, *etal.*, 2006).

Nos peixes, o transplante de células germinativas envolve a injeção de PGC's, ou espermatogónias do tipo A (estas têm a capacidade de se indiferenciar), na cavidade abdominal da espécie substituta, seguida da migração natural para a camada gonadal e da transição final para espermatozóides funcionais durante o tempo de vida do recetor (Shinya, *etal*, 2008).

1.4 Potencial de aplicação da tecnologia de substituição de reprodutores no atum rabilho do Sul *(Thunnus maccoyii)*

Desde o recente sucesso do salmão masu como substituto da truta arco-íris utilizando o transplante de células germinativas (Takeuchi, *et al.,* 2004), o objetivo tem sido utilizar esta tecnologia com outras espécies que são consideradas economicamente atractivas para a comunidade do mercado de peixe.

Por exemplo, a técnica de substituição constituiria uma oportunidade significativa para melhorar a pesca do atum rabilho do Sul (SBT). Estes atuns são importantes para o mercado de exportação australiano, mas as dificuldades associadas à reprodução e ao crescimento limitam seriamente a sua expansão como indústria aquícola. O SBT demora cerca de 12 anos a atingir a maturidade sexual, pesa cerca de 180 kg e a sua cultura exige grandes instalações, mão de obra e custos.

Os SBT pertencem ao maior grupo de espécies de peixes, a ordem Perciformes. Até à data, não se conhecem informações sobre a composição exacta dos componentes da migração celular (ou seja, SDF1, CXCR4 ou CXCR7) no SBT, ou de quaisquer outras espécies de peixes da ordem Perciformes, que poderiam potencialmente atuar como substitutos. No entanto, várias espécies de peixes australianos da ordem dos perciformes são candidatos a substitutos devido ao seu parentesco evolutivo **(Quadro 1).** **O** bonito australiano está mais estreitamente relacionado com o atum rabilho do Sul (família Scombridae), mas é difícil de cultivar. O peixe-rei de cauda amarela, embora não seja o mais próximo, como se pode ver no quadro 1, já estava disponível no atum dos mares limpos, uma vez que era cultivado a partir de larvas.

Tabela 1: Classificação evolutiva comparando o atum rabilho do sul, o peixe-rei de cauda amarela, o bonito australiano e o xaréu gigante, todos da ordem Perciformes. O peixe-zebra (ordem Cypriniformes, destacado a verde) é apresentado para efeitos de comparação e não é considerado um possível substituto.

	Southern Bluefin Tuna	Yellowtail Kingfish	Australian Bonito	Giant Trevally	Zebrafish
Kingdom	Animalia	Animalia	Animalia	Animalia	Animalia
Phylum	Chordata	Chordata	Chordata	Chordata	Chordata
Class	Actinopterygii	Actinopterygii	Actinopterygii	Actinopterygii	Actinopterygii
Order	Perciformes	Perciformes	Perciformes	Perciformes	Cypriniformes
Family	Scombridae	Carangidae	Scombridae	Carangidae	Cyprinidae
Genus	*Thunnus*	*Seriola*	*Sarda*	*Caranx*	*Danio*
Species	*T. maccoyii*	*S. lalandi*	*S. australis*	*C. ignobilis*	*D. rerio*

A YTK tem um tamanho corporal mais pequeno (100 cm), um tempo de geração curto (2-3 anos) e, mais importante, é cultivada comercialmente pela Cleanseas tuna, a mesma (e única) empresa que está atualmente a tentar encerrar o ciclo de vida da SBT em cativeiro, pelo que as larvas da YTK estão disponíveis quase todo o ano para o transplante de células germinativas da SBT. Como um passo importante para a substituição do SBT, este projeto irá realizar uma investigação dos componentes de migração de células germinativas do potencial substituto YTK, para avaliar a sua competência como hospedeiro de células germinativas do SBT. Para tal, é necessário determinar primeiro as quimiocinas (SDF1) e os receptores (CXCR4 e CXCR7) utilizados pelo YTK na formação das gónadas, bem como a sua expressão espácio-temporal precisa.

Se o YTK puder de facto ser usado como substituto do SBT, isso exigiria menos esforço e períodos mais curtos para produzir grandes quantidades de sementes para o SBT. Em resumo, este projeto de investigação caracterizará componentes de sinalização importantes na via de migração das células germinativas primordiais e desenvolverá conhecimentos que poderão ter implicações significativas na identificação da aptidão do hospedeiro/doador para a indústria da aquacultura.

1.5 Justificação

Temos poucos conhecimentos sobre o mecanismo de migração de PGC em peixes perciformes. Esta investigação fornecerá novas informações significativas sobre a expressão e a localização celular destas quimiocinas SDF1, CXCR4 e CXCR7 e sobre a migração das células germinativas primordiais em YTK, o que é da maior importância para os peixes perciformes, um grupo grande e diversificado que tem grandes impactos nos seres humanos. Isto permitiria uma investigação nova e inovadora noutros peixes perciformes, como a cavala e o atum, que poderia ter implicações de grande alcance nos domínios aplicados da biotecnologia da aquacultura.

Nas últimas décadas, o mundo registou uma rápida expansão do consumo de peixe selvagem, passando de 30 milhões de toneladas (1993) para 160 milhões de toneladas (2007) (fontes: Finfacts).

Este facto, combinado com a destruição do habitat, a sobre-exploração e as condições meteorológicas anormais, levou a que se previsse que as unidades populacionais de peixes a nível mundial poderiam estar esgotadas em 2048 (Worm *et al.,* 2006). Consequentemente, o desenvolvimento de novas técnicas de aquicultura parece ser fundamental para garantir o abastecimento e manter o equilíbrio das nossas pescarias selvagens.

O atum rabilho do Sul é uma espécie extraordinária que exige um elevado valor na indústria pesqueira; no entanto, os adultos são difíceis de gerir em aquacultura. Este estudo visa aumentar a compreensão atual dos componentes moleculares essenciais para a migração das células germinativas, de modo a podermos implementar tecnologia de substituição para o SBT. Uma melhor compreensão dos genes associados pode ajudar-nos a perceber se e quando é a melhor altura para injetar PGC's em espécies substitutas.

Em última análise, isto proporcionar-nos-á uma oportunidade sem precedentes de fazer avançar drasticamente esta tecnologia na aquicultura do atum. Devido à sobrepesca, a Lista Vermelha de Espécies Ameaçadas da União Internacional para a Conservação da Natureza e dos Recursos Naturais classifica o atum rabilho do Sul como criticamente ameaçado. Por conseguinte, os avanços na aquacultura, como o desenvolvimento de reprodutores substitutos, podem ajudar a aliviar a pressão sobre as populações selvagens.

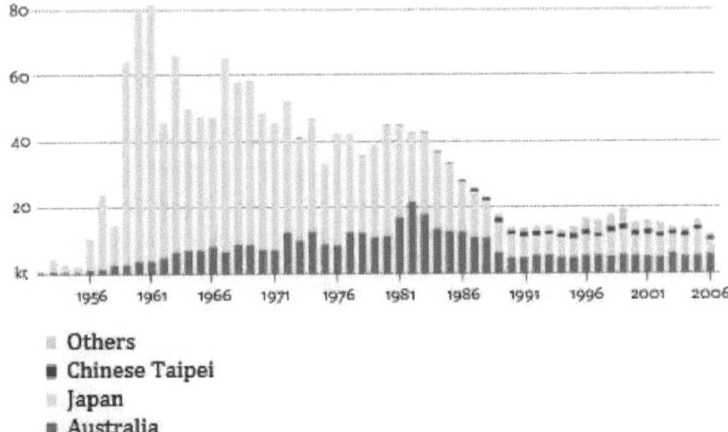

Figura 3. Gráfico das capturas de atum rabilho do Sul (em milhares de toneladas) entre 1950 e 2006, mostrando como a sobrepesca durante as décadas de 70, 80 e 90 afectou visivelmente a população de atum rabilho do Sul. Em 1960, a população de atum rabilho do Sul atingiu um máximo de 80 mil toneladas, mas desceu para 18 mil toneladas no início de 2000 (Fishery economic status report, 2007).

1.6 Descrição geral do projeto

Este projeto utiliza técnicas de biologia molecular e celular para caraterizar os componentes moleculares envolvidos na migração das células germinativas primordiais, incluindo as quimiocinas atractivas e os seus receptores, no peixe-rei de cauda amarela. Os resultados permitir-nos-ão compreender melhor a biologia reprodutiva dos peixes e contribuir potencialmente para o desenvolvimento de reprodutores substitutos para o SBT.

1.7 A(s) questão(ões) de investigação:

Para compreender a migração das células germinativas primordiais do peixe-rei de cauda amarela, é necessário identificar os atractivos (quimiocinas) e os receptores (receptores de quimiocinas) que determinam o êxito da migração.

Para tal, os objectivos específicos a que será necessário dar resposta incluem

OBJECTIVO 1: Identificação e análise comparativa de genes-chave envolvidos na migração de células germinativas YTK, incluindo o fator 1 derivado de células estromais (SDF1) e os seus receptores cognatos (CXCR4 e CXCR7).

OBJECTIVO 2: Analisar o local e o momento da expressão de cada gene transcrito durante o desenvolvimento larvar e da camada germinativa do YTK.

OBJECTIVO 3: Análise do local de expressão da proteína SDF1 para cada gene transcrito durante o desenvolvimento larvar e da camada germinativa do YTK

O resultado será a caraterização dos componentes moleculares da migração das células germinativas YTK, um potencial substituto para o SBT.

1.8 Referências

Ara, T., Nakamura, Y., Egawa, T., Sugiyama, T., Abe, K., Kishimoto, T., Matsui, Y., Nagasawa, T., 2003. Colonização prejudicada das gónadas por células germinativas primordiais em ratos sem uma quimiocina, fator-1 derivado de células estromais (SDF1). Proc. Natl. Acad. Sci. U. S.A. 100, 5319-5323.

Delvin, R.H., Nagahama, Y., 2002. Determinação do sexo e diferenciação sexual em peixes. Aquaculture 208, 191-364.

Doitsidou, M., Reichman-Fried, M., Stebler, J., Koprunner, M., Dorries, J., Meyer, D., Esguerra, C.V., Leung, T., Raz, E., 2002. Orientação da migração de células germinativas primordiais pela quimiocina SDF-1. Cell, 111, 647-659.

Herpin A, Fischer P, Liedtke D, Kluever N, Neuner C, Raz E, Schartl M: A mobilidade sequencial induzida por SDFla e b orienta a migração de PGC de Medaka. 2008. Developmental biology 320(2):319-327.

Horuk R. Molecular properties of the chemokine recetor family (Propriedades moleculares da família de receptores de quimiocinas). 1994. USA Trends Pharmacol Sci. 15:159-65.

Laing KJ, Secombes CJ. Chemokines. Dev Comp Immunol 2003;28:443-60.

Molyneaux, K.A., Zinszner, H., Kunwar, P.S., Schaible, K., Stebler, J., Sunshine, M.J., O'Brien, W., Raz, E., Littman, D., Wylie, C., Lehmann, R., 2003. A quimiocina SDF1/ CXCL12 e o seu recetor CXCR4 regulam a migração e a sobrevivência das células germinativas do rato. Desenvolvimento 130, 4279-4286.

Nieuwkoop PD, Sutasurya LA: Primordial germ cells in the chordates: Embryogenesis and Phylogenesis. Cambridge University Press; 1979: 118-123.

Nomiyama H, Hieshima K, Osada N, Kato-Unoki Y: Expansão e diversificação extensivas da família de genes de quimiocinas no peixe-zebra: Identificação de uma nova subfamília de quimiocinas CX. 2008. BMC Genomics 9:222.

Okutsu T, Yano A, Nagasawa K, Shikina S, Kobayashi T, Takeuchi T, Yoshizaki G. 2006. Manipulação de células germinativas de peixe: visualização, criopreservação e transplante. J Reprod Dev 52: 685-693

Raz E: Orientação da migração das células germinativas primordiais. 2004. Curr Opin Cell Biol 16:169-173.

Shikina, S e Yoshizaki, G. Melhoria das condições de cultura in vitro para aumentar a sobrevivência, a atividade mitótica e a transplantabilidade da espermatogónia tipo A da truta arco-íris. BOR Papers in Press. 2010, 83(2); 268-276.

Shinya S, Shoko I, Yohizaki G. Condições de cultura para manter a sobrevivência e a atividade mitótica da espermatogónia tipo A transplantável da truta arco-íris. Molecular reproduction and development. 2008, 75:529-537

Takeuchi Y, Yoshizaki G, Takeuchi T: Biotecnologia: produção de reprodutores de substituição salmonídeos. 2004. Nature, 430(7000):629-630.

Vladdi K, Keller M, Newton RC. The chemokine factsbook. London: Academic Press; 1997. Richardson BE, Lehmann R: Mechanisms guiding primordial germ cell migration: strategies from different organisms (Mecanismos que orientam a migração de células germinativas primordiais: estratégias de diferentes organismos). Nature reviews Molecular cell biology, ll(l):37-49.

Worm et al,. Impacts of biodiversity loss on ocean ecosystem services (Impactos da perda de biodiversidade nos serviços dos ecossistemas oceânicos). 2006. Science; 314(5800):787-780.

CAPÍTULO 2

Jornal de Biologia dos Peixes

Para compreender a base molecular da migração das células germinativas primordiais no peixe-rei de cauda amarela *(Seriola lalandi).*

Jorge A. Fernandez[1], Erin Bubner[2], Scott Cummins[1], Abigail Elizur[1]

Faculdade de Ciências, Saúde e Educação, University of the Sunshine Coast, Maroochydore, Queensland, Austrália,

[2]Escola de Ciências Biológicas, Centro de Ciências Marinhas de Lincoln, Universidade de Flinders, Port Lincoln, Austrália do Sul, Austrália.

Autor correspondente:

Jorge Amat Fernandez , [1]j_orgeamatfernandez@hotmail.com, University of the Sunshine Coast, Maroochydore, Queensland, Austrália.

Resumo

O peixe-rei de cauda amarela (ordem Perciformes) habita as águas tropicais e temperadas do hemisfério sul. Podem ser cultivados com sucesso na Austrália e, por conseguinte, muitos pormenores fundamentais sobre a base molecular do desenvolvimento larvar podem ser facilmente estudados. Em particular, o mecanismo molecular preciso da formação das gónadas é de interesse devido às implicações na nossa compreensão do desenvolvimento dos gâmetas. Até à data, pouco se sabe sobre o mecanismo de migração das células germinativas primordiais (PGC) que conduz à formação das gónadas em qualquer peixe perciforme. Neste estudo, isolámos três genes-chave do peixe-rei de cauda amarela que podem estar envolvidos na migração das PGC, nomeadamente o fator derivado de células estromais (SDF1), o recetor de quimiocinas 4 (CXCR4) e o recetor de quimiocinas 7 (CXCR7). As análises da expressão genética mostram que são produzidos continuamente ao longo de 1-22 dias após a eclosão e cada um deles apresenta uma localização distinta nas fases larvares investigadas. Em conjunto, estes resultados fornecem uma plataforma para estudos futuros sobre a maquinaria molecular dos peixes perciformes migradores PGC, com vista ao desenvolvimento final de reprodutores substitutos inovadores para o atum rabilho do Sul.

Palavras-chave:

Peixe-rei de cauda amarela, células germinativas primordiais, fator derivado de células estromais, recetor de quimiocinas 4, recetor de quimiocinas 7

1. Introdução

Introdução

As células germinativas primordiais (PGCs) são progenitores da linhagem de células germinativas, dando origem a espermatogónias ou oogónias após a conclusão da diferenciação gonadal (Yoshizaki, *et al.,* 2002). Em todos os animais estudados, as PGCs formam-se no início do desenvolvimento, numa posição distante daquela que formará a gónada durante o desenvolvimento larvar (Nieuwkoop, *etal.,* 1979; Raz, *etal,* 2004).

Para migrarem com êxito para o seu local de destino, as PGCs têm primeiro de obter pistas direccionais de substâncias químicas libertadas por células posicionadas ao longo do seu percurso de migração. Os atractores são as quimiocinas; estas pertencem a uma família de pequenas proteínas encontradas em todos os vertebrados e são segregadas por vários tipos de células e desempenham papéis importantes na migração e ativação celular (Nomiyama, *et al.,* 2008). Como moléculas sinalizadoras, regulam ativamente processos como o tráfico de leucócitos, a regulação da hematopoiese, a angiogénese e a organogénese (Laing, et *al.,* 2003; Vladdi, et *al.,* 1997). As quimiocinas são importantes para a migração das PGC, especificamente a quimiocina fator 1 derivado de células estromais (SDF1), que se verificou ser fundamental para a migração adequada das PGC em vertebrados (Ara et *al.,* 2003; Doitsidou et *al.,* 2002; Molyneaux et a/., 2003).

A maior parte do conhecimento sobre a migração de PGC mediada por SDFl provém da investigação em modelos animais no âmbito dos insectos (por exemplo, *Drosophila melanog aster),* anfíbios (por exemplo, *Xenopus laevis),* mamíferos (por exemplo, *Monodelphis domestica),* aves (por exemplo, *Gallus gallus)* e peixes (por exemplo, *Danio rerio)* (Ara *etal.,* 2003; Doitsidou *etal.,* 2002; Molyneaux *etal.,* 2003; Herpin et *al.,* 2008). A partir desta investigação, reconhecemos agora que o SDF1 exerce os seus efeitos biológicos através da interação com receptores acoplados à proteína G (GPCR) conhecidos como receptores de quimiocinas (CXCR), que se localizam seletivamente na superfície dos PGC e ligam o SDF1 cognato (Richardson, *etal.,;* Lehmann, *etal.,* 2010). As características conservadas definem a família de proteínas receptoras CXCR, incluindo o facto de serem pequenas (cerca de 350 aminoácidos) com uma região extracelular N-terminal curta para a ligação de SDF1, e de possuírem sete domínios transmembranares helicoidais nos quais existem três anéis hidrofílicos externos e três internos (Nomiyama *et al.,* 2008).

O recetor de quimiocina CXCR4, que se encontra nas membranas plasmáticas das células germinativas primordiais, liga-se ao SDFla, o que proporciona um gradiente de instrução para a migração (Raz, *et al.,* 2006). Entretanto, o CXCR7 encontra-se nas células somáticas circundantes, onde se liga e internaliza o SDF1, controlando assim o nível da quimiocina difusível no espaço extracelular (Sasado, *et al.,* 2008). A desativação molecular da tradução do CXCR7 resulta numa polaridade prejudicada e numa migração aberrante das células germinativas. Existem algumas provas de que o CXCR7 possui domínios que facilitam a internalização tanto do SDF1 como do próprio recetor (Sasado, *etal.,* 2008).

Até à data, não existem informações sobre a composição dos componentes do sistema de migração celular (ou seja, SDF, CXCR4 ou CXCR7) no grupo dos Perciformes. É notável o facto de os Perciformes constituírem cerca de 40% de todos os peixes e incluírem 7000 espécies, o que constitui o maior grupo de vertebrados (Fossil Museum Navigation). Para compreender a base molecular da migração do PGC neste importante grupo, pretendemos investigar o peixe-rei de cauda amarela (YTK). Os YTK são o modelo ideal para este tipo de estudo, uma vez que pertencem à ordem dos Perciformes, são facilmente cultivados a partir de larvas, vivem 2-3 anos e são acessíveis através do atum Cleanseas. Como primeiro passo para compreender a migração de PGC nestes animais, iremos 1) identificar a quimiocina YTK, SDF1, e os seus receptores cognatos CXCR4 e CXCR7, e efetuar uma análise comparativa com os que foram identificados noutras espécies de peixes, bem como em espécies não piscícolas; 2) investigar os perfis de expressão temporal e espacial dos genes SDF1, CXCR4 e CXCR7 durante o desenvolvimento larvar para prever um papel na migração de células germinativas primordiais; e 2) investigar a expressão espacial da proteína SDF1.

Descobrimos que as YTK têm genes SDF1, CXCR4 e CXCR7 que são altamente homólogos aos genes conhecidos de outros peixes. Os seus perfis de expressão temporal e espacial durante o desenvolvimento larvar sugerem um papel na migração de PGC.

2. Materiais e métodos

2.1 Anatomia macroscópica e análise histológica de larvas de YTK

As amostras de peixe-rei de cauda amarela *(Senoia lalandi)* foram obtidas da Cleanseas tuna, uma exploração piscícola comercial em Arno Bay, Austrália do Sul. As amostras foram preservadas em fixador de Bouin (74% de ácido pícrico saturado, 23% de formaldeído e 4% de ácido acético glacial) e posteriormente colocadas em etanol a 70% para armazenamento e transporte. Na USC, foram novamente desidratadas em etanol antes de serem incluídas numa cera de parafina, seccionadas por cortes transversais em série (8 pm de espessura) utilizando um micrótomo rotativo e coradas com hematoxilina de Harris e corantes de eosina (Sigma). As lâminas foram montadas de forma permanente com DePex (BDH Chemicals). As imagens das secções foram visualizadas e fotografadas (3 peixes/grupo etário) com um microscópio de luz (Olympus BH2) equipado com um sistema de câmara (Q Imaging Micropublisher 5.0 RTV). Foram também captadas imagens de larvas inteiras, mas com um microscópio de dissecação (Olympus SZ2-ILTS) equipado com um sistema de câmara (Q Imaging Micropublisher 5.0 RTV).

2.2 Isolamento de ácidos nucleicos e síntese de cDNA

Amostras de peixe-rei de cauda amarela (S. *lalandi)* de testículos e larvas em diferentes fases de desenvolvimento [1 dia após a eclosão (DPH) a 20 DPH] foram obtidas do atum Cleanseas, Arno Bay e armazenadas em solução de água de ARN (Ambion). O ADN complementar (cDNA) foi sintetizado a partir do ARN utilizando o Superscript cDNA Synthesis System (Invitrogen), de acordo com as instruções do fabricante.

2.3 Reação em cadeia da polimerase (PCR), clonagem e sequenciação de genes

Foram concebidos vários pares de primers degenerados forward e reverse para a amplificação por RT-PCR dos genes CXCR4, CXCR7 e SDF1 do YTK **(Quadro 2.1)**. As sequências foram obtidas através de uma extensa pesquisa BLAST de genomas de vertebrados conhecidos e de bibliotecas de etiquetas de sequências expressas, seguida de um alinhamento de sequências múltiplas, bem como do reconhecimento observado de regiões altamente conservadas.

Tabela 2.1. Primers e condições utilizados para a amplificação degenerada e específica por PCR dos genes CXCR4, CXCR7, SDF1 e da proteína ribossómica ácida [ARP] em YTK.

Gene primer	Sequence (5' to 3')	Temperature	PCR
Chemokine receptor 4			
CXCR4 F1 (degenerate)	ATGACNGAYAARTAYMGNYTNCA	55 °C	1° round
CXCR4 F2 (degenerate)	TNCCNTTYTGGGCNGTNGAYGC	55 °C	1° round
CXCR4 R1 (degenerate)	TANGGNARCCARCANNNRAARAA	57 °C	2° round
CXCR4 R2 (degenerate)	YTTNGCDATDATDATRCARTARCA	57 °C	2° round
CXCR4 F1 (specific)	ACACAGTCAACCTGTACAGCAG	50 °C	1° & 2° round
CXCR4 R1 (specific)	AAGCCTACCAGGATGTGCTG	50 °C	1° round
Chemokine receptor 7			
CXCR7 R1 (degenerate)	RTAYTTRAADATRAANGCYTTCAT	45 °C	1° round
CXCR7 F 1 (degenerate)	GGNCTNGCNGCNAAYGCNCTGGT	45 °C	1° round
CXCR7 F 2 (degenerate)	NTGYGTNGTNGCNACNYTNCCNGT	45 °C	2° round
CXCR7 R 2 (degenerate)	NSHNGCNATNAGNGCCAGNARCCA	45 °C	2° round
CXCR7 F1 (specific)	AGGTGGCGTGTAAACTCACG	50 °C	1° & 2° round
CXCR7 R1 (specific)	GGCGGATCAGCTTACTGC	50 °C	1° round
Stromal derived factor 1			
SDF1 F2 (degenerate)	ACDCCHARCTGYCCYTTCCAAGT	50 °C	1° round
SDF1 R1 (degenerate)	TTNSWDATNGCRTTYTTNARRTA	50 °C	1° round
ARP Control			
ARP F1 (specific)	TGCCATTGTCATACACTTGCTG	50 °C	1° round
ARP R1 (specific)	GGGAACCATTGAAATCTTGAGC	50 °C	1° round

A PCR consistiu em 1 µl de cada iniciador (100 pmol), 2,5 µl de tampão 10x (cone final. 2,5 mM), 25 mM de MgCh, (cone final. 1,5 mM), 10 mM de cada dNTP (1,5 mM cone final.), 5 unidades de Taq polimerase e 1 pl de cDNA. A reação foi aquecida a 94°C durante 3 minutos, e subsequentemente ciclada (35 vezes a 94°C durante 45 segundos, 45°C - 55°C durante 1 minuto, e 72°c durante 1 min e 20 s), seguida de uma extensão final a 72^2 C durante 10 minutos. Isto foi seguido por uma PCR aninhada. Utilizando 1µl de PCR primária, cada reação foi aquecida a 94 °C durante 3 minutos e, subsequentemente, submetida a ciclos (35 vezes a 94 °C durante 45 segundos, 45 °C - 57 °C durante 1 minuto e 72 °C durante 1,20 minutos), seguidos de uma extensão final a 72 °C durante 10 minutos. Os produtos das reacções foram visualizados num gel de agarose a 2% com brometo de etídio. As bandas de amplicões com os tamanhos esperados foram excisadas e purificadas em gel utilizando um kit de extração de gel Qiaquick (Qiagen). Os produtos purificados foram então ligados a um vetor pGEM-Teasy (Promega), utilizando as instruções do fabricante, e transformados em células JM109 (Promega). As colónias brancas foram analisadas por PCR utilizando iniciadores específicos do vetor (Ml3 forward e M13 reverse) e os plasmídeos clonados que continham inserções de tamanho correto foram purificados e sequenciados na direção forward e reverse (Australian Genome Research Institute, Brisbane).

2.4 Análise de sequências

As sequências de ADN foram editadas e analisadas utilizando o programa DNASTAR 5.0, e a semelhança de todas as sequências foi analisada pelo BLASTN e BLASTP nas bases de dados do Centro Nacional de

Informação Biotecnológica. Para os domínios transmembranares, foi utilizado o programa TMHMM Server 2.0 (http://www.cbs.dtu.dk/ services/TMHMM- 2.0/). A estrutura primária foi analisada pelo programa ProtParam (http://cn.expasy.org/ tools/protparam.html) e a estrutura secundária foi prevista pelo programa PHD (http://www. predictprotein.org/).

2.5 Análise filogenética

Utilizando o algoritmo tBLASTn, os genes alvo foram recuperados da base de dados Refseq do NCBI. As sequências de aminoácidos foram processadas utilizando o EditSeq (Lasergene Versão 7.1; DNASTAR, Madison, WI, EUA) e posteriormente analisadas utilizando o MegAlign (Lasergene Versão 7.1) com o algoritmo Clustal. Foi construída uma árvore filogenética com o software MEGA v4.0, utilizando o método de junção de vizinhos, e os níveis de confiança para os grupos definidos na topologia foram avaliados por testes de bootstrap e de ramos interiores (1000 réplicas). As árvores filogenéticas foram enraizadas utilizando sequências humanas de SDF1 (para a árvore SDF1) ou de receptores de serotonina (árvore CXCR).

2.6 Transcrição reversa - reação em cadeia da polimerase (RT-PCR)

O ARN total foi isolado das larvas entre 1 DPH e 20 DPH, sendo depois sintetizado o cDNA utilizando o Superscript cDNA Synthesis System (Invitrogen). Foram concebidos conjuntos de iniciadores específicos para cada gene (forward e reverse) a partir dos genes CXCR4 e CXCR7 do YTK recentemente identificados (ver **quadro 2.1**) para amplificação por PCR. O tamanho esperado para o gene ARP de controlo (controlo) era de 120 pb para o primer forward TGCCATTGTCATACACTTGCTG e 244 pb para o primer reverse GGGAACCATTGAAATCTTGAGC. A PCR consistiu em 1 µl de cada iniciador (100 µmol), 2,5 pl de tampão 10x (cone final. 2,5 mM), 25 mM MgCh, (cone final. 1,5 mM), 10 µM de cada dNTP (1,5 pM cone final.), 2 unidades de BIOTAQ DNA polimerase (Bioline) e 1 µl de cDNA. A reação foi aquecida a 94°C durante 3 minutos e subsequentemente submetida a ciclos (35 vezes a 94°C durante 30 segundos, 50°C durante 1 minuto e 72°C durante 1 minuto e 20 segundos), seguidos de uma extensão final a 72°C durante 10 minutos. Seguiu-se uma PCR aninhada. Os produtos da reação foram visualizados num gel de agarose a 2% com brometo de etídio.

2.7 Preparação da sonda de hibridação *in situ*

Foi obtida uma sonda de cADN através da amplificação de fragmentos utilizando os fragmentos clonados dos genes alvo (ARP, SDF1, CXCR4, CXCR7) como modelos. Após a amplificação por PCR do ADN modelo utilizando primers M13 forward e reverse, foram efectuadas reacções de transcrição *in vitro* na presença de digoxigenina-UTP (DIG RNA Labelling Kit, Roche), com polimerases SP6 para sondas antisense. O modelo foi degradado com DNase sem RNase (Roche Molecular Biochemical). As ribossondas marcadas com DIG foram purificadas por precipitação com etanol e cloreto de lítio e armazenadas a -80°C, em água sem RNase, até serem utilizadas para hibridação *in situ*. A hibridação *in situ em* montagem integral e em secções de parafina foi efectuada utilizando ribossondas marcadas com DIG, com modificações de acordo com Hinman *etal.* (2002) e Degnan *etal.* (2002), tal como descrito a seguir.

2.8 Hibridação in *situ em* montagem total (WMISH)

As amostras de larvas de peixe-rei de cauda amarela *(Seriola lalandi)* a 4 DPH foram obtidas do atum Cleanseas, Arno Bay, fixadas em fixador de Bouin (74% de ácido pícrico saturado, 23% de formaldeído e 4% de ácido acético glacial) durante 2 h e desidratadas em etanol a 100%. As larvas foram lavadas e reidratadas em solução salina tamponada com fosfato (PBS) com 0,1% de Tween20. Após o tratamento com proteinase K (20 µg/ml em PBS mais 0,1% de tween 20 a 37°C durante 10 - 20 min), as amostras foram pré-hibridizadas durante 5 h em solução de pré-hibridização [50% formamida, 5x citrato salino de sódio (SSC), 5 mM EDTA, 1% solução de Denhardt (Sigma), 100 µg/ml heparina, 100 µg/ml tRNA, 0,1% Tween20] a 55°C. A hibridação foi efectuada utilizando a mesma solução, mas adicionando 200 ng/ml de riboprobe marcado com DIG durante a noite a 42°C. Depois disso, as amostras foram lavadas a 55°C duas vezes em formamida a 50%, 4xSSC, 0,1% Tween20, depois duas vezes em formamida a 50%, 2xSSC 0,1% Tween20, depois duas vezes em formamida a 50%, lxSSC 0,1% Tween20, durante 15 minutos cada, e depois mergulhadas em ácido maleico 0,1 M, pH 7,5, NaCl 0,15 M, 0,1% Tween20. A incubação anti-DIG (1:5000; Roche Molecular Biochemical) foi efectuada durante a noite, seguida de várias etapas de lavagem (Shain, et *al.*, 1996). As reacções de coloração foram realizadas utilizando nitro blue tetrazolium/5- Bromo-4-chloro-3-indolyl phosphate (NBT/BCIP) em glicerol. Para a documentação, os espécimes foram desidratados por mudanças graduais de etanol, limpos e montados em benzoato de benzilo:álcool benzílico (2:1 v/v). As imagens de larvas montadas na totalidade foram capturadas conforme descrito na secção de resultados.

2.9 Hibridação in *situ* (ISH) de secções de parafina

Após 6 DPH, utilizou-se ISH em secções de parafina devido ao desenvolvimento extensivo de pigmentos cutâneos, o que impede a visualização da expressão genética com WMISH. Aos 18 DPH, as larvas preservadas no fixador de Bouin e, subsequentemente, em etanol a 70%, foram desidratadas em etanol antes de serem incluídas em parafina, seccionadas em secções transversais em série (8 ppm de espessura) utilizando um micrótomo rotativo e reidratadas em duas mudanças de xileno durante 10 minutos cada, e mergulhadas em etanol. As secções foram lavadas brevemente em etanol a 50%, depois lavadas de novo em água destilada, seguidas de fixação em paraformaldeído a 4% em PBS à temperatura ambiente durante 10 minutos, depois foi adicionado DEPC ativo a 0,1% à temperatura ambiente durante 10 minutos. As secções foram lavadas (5x) em PBT (PBT: PBS com 0,1% de tween 20) durante 5 minutos cada e procedeu-se à hibridação pré durante 2 a 6 h a 55°C. As ribossondas foram diluídas em tampão de hibridação (200 ng/ml) e aquecidas a 65°C durante 10 minutos, sendo depois adicionadas às secções. A hibridação foi efectuada de um dia para o outro a 55ᵉ C, depois as secções foram lavadas com uma solução de lavagem com um rigor crescente de 4x a lx [solução de lavagem: 50% formamida, 10-2,5 ml 20xSSC (4x-lx), 0,1% tween-20, dHzO até 50 ml) a 55°C durante 20 minutos cada]. Em seguida, as secções foram lavadas em solução MAB (20 ml de ácido maleico 1 M, pH 7,5, 6 ml de NaCl 5M, 200 µl de tween-20) à temperatura ambiente durante 5 min e depois bloqueadas com solução de bloqueio a 2% [2 ml de bloco BM a 10% (Roche), 8 ml de solução MAB] durante 2-3 h. A deteção foi efectuada com um anticorpo anti-DIG (Roche; 1:5000) incubado a 4ᵉ C durante a noite. Após quatro lavagens em PBT à temperatura ambiente durante 20 minutos cada, as secções foram lavadas em tampão de fosfato alcalino (AP) lx sem MgCh durante 5 minutos e, em seguida, duas lavagens em AP lx (com MgCh) durante 10 minutos cada.

Esta solução foi trocada por tampão de coloração AP (NBT/BCIP; Roche) para desenvolvimento entre 1 h e 2 dias. O desenvolvimento da cor foi interrompido com lavagens em PBT e pós-fixação com PFA a 4% em PBS a 4ˢ C. As secções foram lavadas em PBT durante 5 minutos, desidratadas e montadas em solução de montagem DePex. As imagens das larvas em montagens completas foram captadas conforme descrito na secção de resultados.

2.10 Imunohistoquímica

Para a imunohistoquímica, as secções de parafina 7 DPH foram desparafinizadas em duas mudanças de xileno durante 5 minutos cada, sendo depois re-hidratadas em etanol durante três minutos cada. Para a recuperação de antigénios, as lâminas foram incubadas num banho de água a 95°C com tampão de citrato de sódio durante 5 minutos. Após incubação à temperatura ambiente em PBS durante 20 minutos, as secções foram bloqueadas com soro de cabra a 3% (Sigma) em PBS durante 20 minutos. As secções foram então incubadas com um anticorpo SDF1 (Santa Cruz) a uma diluição de 1:100 durante a noite a 4°C. Após lavagem em PBS, foi adicionado um anticorpo secundário (Ig-Alexa 488 de cabra e coelho; Invitrogen) a uma diluição de 1:500 durante 2 h numa sala escura à temperatura ambiente. As secções foram lavadas em PBS, montadas em glicerol e fotografadas com um microscópio de fluorescência (Zeiss AXIOSKOP 2 MOT) equipado com uma câmara (Zeiss AXIOCAM MRm).

3. Resultados

3.1 Anatomia macroscópica e análise histológica das larvas de YTK

As larvas YTK aos 4, 7, 10, 15 e 18 DPH foram examinadas por microscopia de montagem total e por secções transversais em série. As características anatómicas grosseiras típicas puderam ser identificadas a partir de 4 DPH, mostrando os olhos, a cavidade corporal, a região do cérebro e o pigmento **(Figuras 3.1 A,B)**. Outras análises histológicas de secções na região da gónada em desenvolvimento revelaram a bexiga natatória e o estômago, juntamente com as regiões gonadais em desenvolvimento das células somáticas e das células germinativas primordiais **(Figuras 3.1 C-E)**.

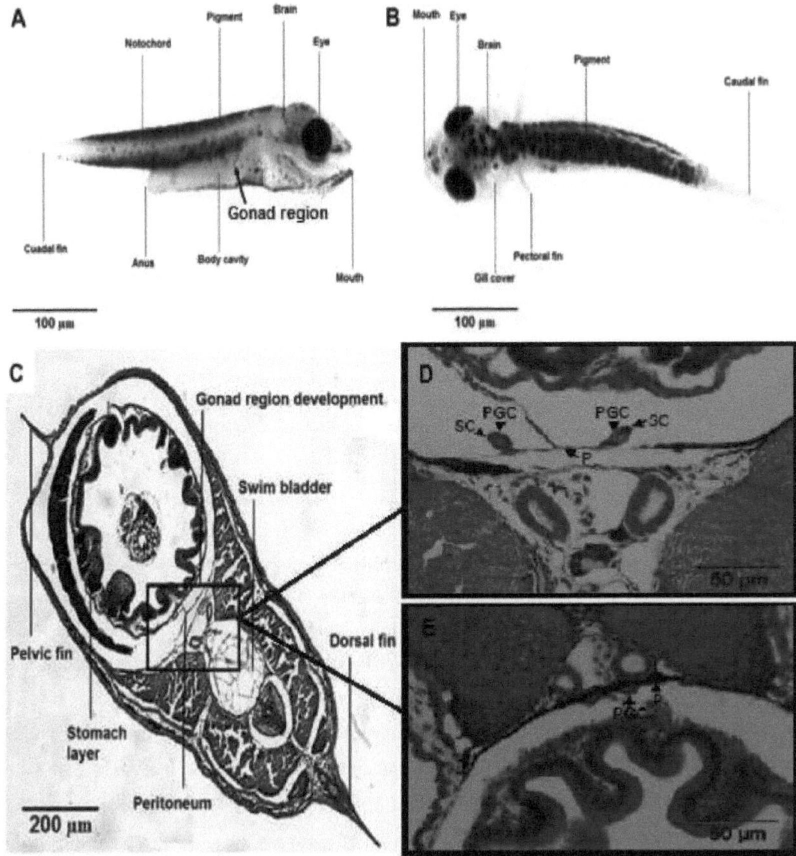

Figura 3.1. Montagem inteira e visão geral histológica das larvas YTK. [A] Lado lateral da montagem inteira e, (B) Lado dorsal da montagem inteira, mostrando características típicas de larvas YTK em 4 DPH. O local da região da gónada em desenvolvimento é indicado pela seta. (C] Micrografia mostrando secção transversal da região gonadal de secção de larvas 10 DPH corada com H&E. A caixa representa [D] a área ampliada da região gonadal esperada e [E] a área ampliada da posição das PGCs. SC, célula somática; PGC, células germinativas primordiais; P, peritoneal. Nota: As figuras ID e IE foram contribuídas por Erin Bubner.

3.2 Isolamento e análise comparativa de SDF1, CXCR4 e CXCR7 do peixe-rei de cauda amarela

Foi efectuada RT-PCR utilizando primers degenerados para cada um dos três genes YTK de interesse: quimiocina SDF1, recetor de quimiocina CXCR4 e recetor de quimiocina CXCR7. Foi identificado um amplicon de comprimento parcial de 122 pb para SDF1, utilizando cDNA derivado de testículos de YTK imaturos. A sequência de aminoácidos deduzida codificava uma proteína de 37 resíduos que apresentava uma elevada homologia com a SDF1 de outras espécies de peixes, bem como com a SDF humana **(Figura 3.2)**. O YTK SDF1 partilhou 89,2% de identidade com o peixe-zebra, 86,4% com o salmão e 70% com o ser humano. Existem duas diferenças claras entre o YTK SDF1 e o humano, a primeira é a adição de um aminoácido entre a asparagina (N)i6 e (N)i?, e a segunda é a posição da prolina (P)s, que é conservada nos peixes e diferente no humano. Espera-se que a conservação de dois pares de cisteína (nas posições C4 e C20), formando ligações dissulfureto, estabilize a estrutura desta proteína. Até que a sequência completa da YTK seja identificada, chamámos-lhe SDF1.

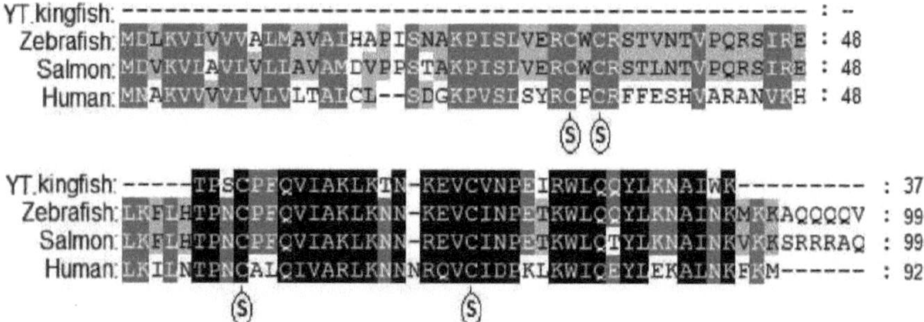

Figura 3.2. Alinhamento comparativo de aminoácidos do SDF1. A SDF1 parcial da YTK recentemente identificada foi comparada com a SDF1 do peixe-zebra *(Danio rerio*, NP_932334.1J, do salmão *(Salmo salar*, NP_001134259.1J, e do ser humano *(Homo sapiens*, CAC10202.1J. O sombreado preto representa a conservação e o cinzento representa a semelhança com YTK SDF1. Os locais de cisteína estão representados por S (grupo sulférico).

Foi efectuada uma análise filogenética utilizando as sequências identificadas de YTK SDF1 com outras SDF1 animais obtidas através de extensas pesquisas NCBI BLAST. Todas as SDF1 de peixes (definidas como 1, a ou b) agruparam-se num ramo semelhante, separado do de espécies não piscícolas, como a rã *[Xenopus]* e o ser humano (Homo). O SDF1 do YTK foi o mais estreitamente relacionado com o da corvina amarela *(Larimichthys crocea)* e do robalo europeu *(Dicentrarchus labrax)*, ambos pertencentes ao grupo dos perciformes **(Figura 3.3)**.

Foi identificada uma sequência nucleotídica de comprimento parcial de 458 pb para o CXCR4, utilizando cDNA derivado de larvas YTK agrupadas (2-15 DPH). Foi identificado um amplicon de comprimento parcial de 258 pb para o CXCR7, utilizando cDNA derivado de testículos de YTK imaturos. As sequências de aminoácidos deduzidas de CXCR4 e CXCR7 foram comparadas com homólogos de diferentes espécies e mostraram uma identidade de sequência significativa com *Danio rerio, Salmo salar* e *Homo sapiens* **(Figura 3.4 A,B)**. O CXCR4 partilhou 70% de identidade com o peixe-zebra, 72% com o salmão e 67% com o ser humano. A sequência da proteína completa YTK continha mais 15 aminoácidos da posição 91 a 106 relativamente às outras. O salmão tinha 2 aminoácidos extra nas posições 55 e 56, enquanto a sequência humana tinha as posições 101, 102 e 103 em falta relativamente à YTK. O YTK CXCR7 partilhou 74% de identidade com o peixe-zebra, 67% com o salmão e 83% com o ser humano. O motivo Asp-Arg-Tyr (DRY) altamente conservado foi identificado no início do domínio intracelular 2 (IC2) para ambas as sequências de receptores. A comparação entre o YTK CXCR 4 e o CXCR 7 revelou uma maior semelhança nos domínios transmembranares e uma menor semelhança nas regiões extracelulares e intracelulares.

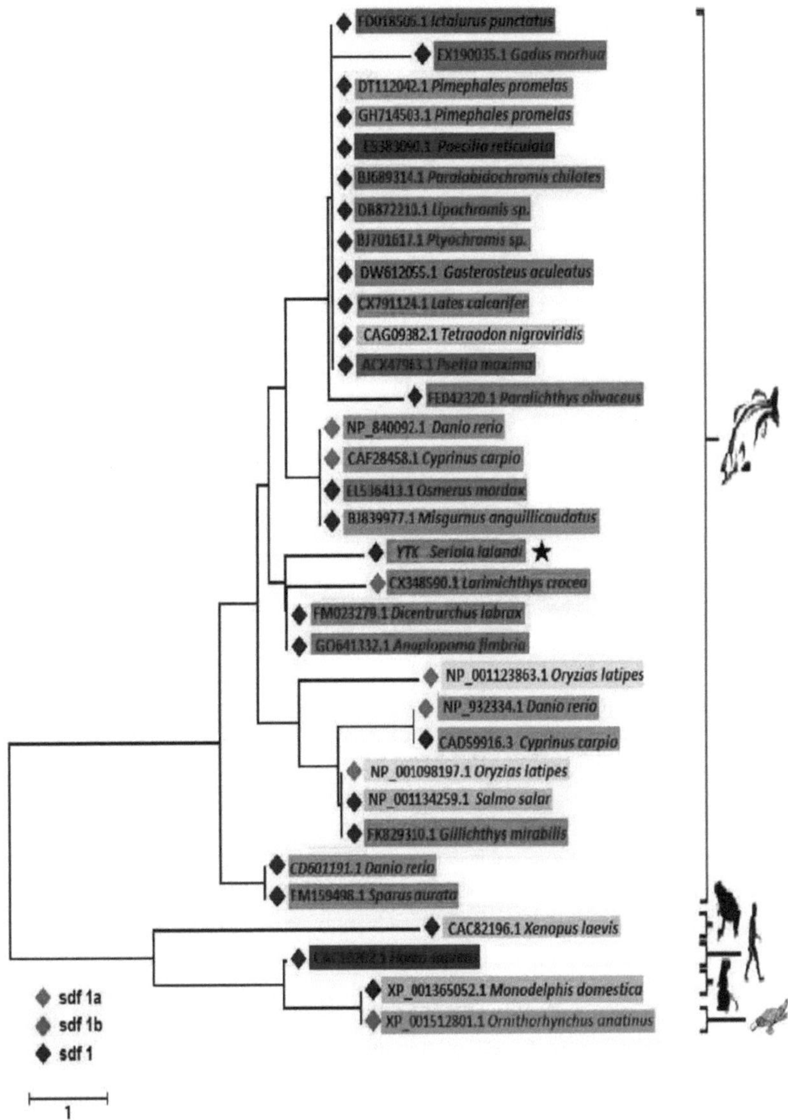

Figura 3.3 Análise filogenética de SDF1. A árvore filogenética foi construída utilizando o método de vizinhança

(Saitou e Nei, 1987), sendo a SDF1 do YTK a mais semelhante a outras SDF de peixes. As cores dos diamantes representam: Azul: SDF 1; Vermelho: SDF lb; Amarelo: SDF la. As ordens dos reinos animais são representadas por diferentes sombreados - Azul: Perciformes; Laranja: Cypriniformes; Rosa: Anura; Turquesa: Monometrata; Vermelho escuro: Primatas; Castanho claro: Didelphimorfia; Verde claro: Salmoniformes; Amarelo: Belonoformes; Verde escuro: outros; Vermelho claro: Pleuronectiformes; Cinzento: Tetraodontiformes; Castanho escuro: Gasterostiformes; Azul escuro: Cyprinodontiformes; Rosa escuro: Gadiformes; Púrpura: Siluriformes). São indicados os números de acesso. A barra de escala representa o número de diferenças de aminoácidos.

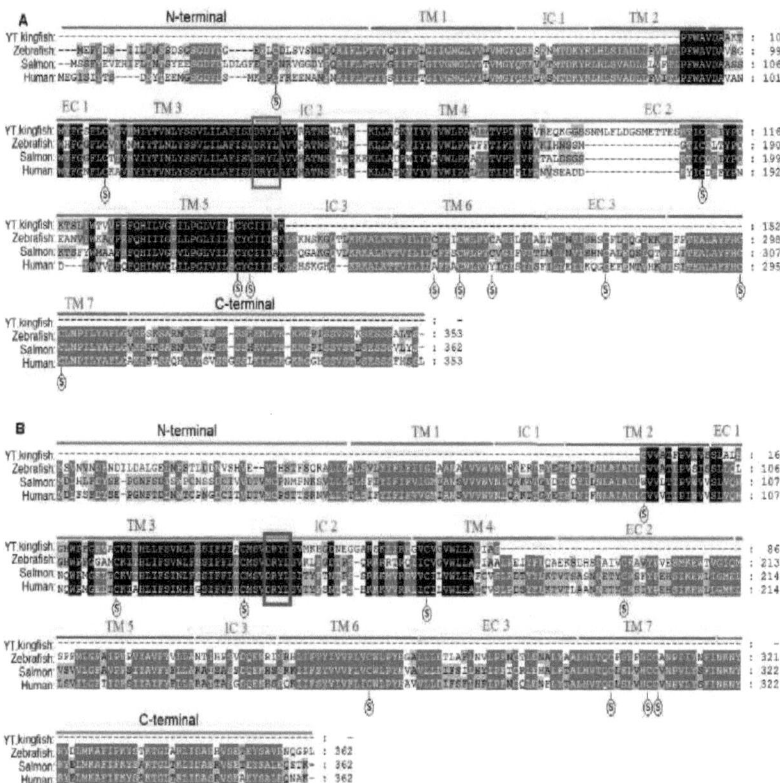

Figura 3.4. Alinhamentos de aminoácidos comparativos de CXCR4 e CXCR7. **(A)** YTK CXCR4 e **(B)** CXCR7 foram comparados com homólogos de peixe-zebra *[Danio rerio* AAH95021.1], salmão *(Salmo salar* NP_001158765.1) e humano *[Homo sapiens* AAP36716.1J, mostrando alta homologia. O CXCR4 e o CXCR7 podem ser divididos em 15 domínios: sete transmembranares (vermelho), quatro intracelulares (IC, C-terminal = azul) e quatro extracelulares (N-terminal = preto, EC = verde). As cisteínas são representadas por um S (grupo de enxofre).

Uma análise filogenética coloca claramente os genes YTK CXCR identificados nos grupos CXCR4 e CXCR7 de receptores de quimiocinas, mais estreitamente relacionados com o baiacu, *Tetratodon nigroviridis* **(Figura 3.5).**

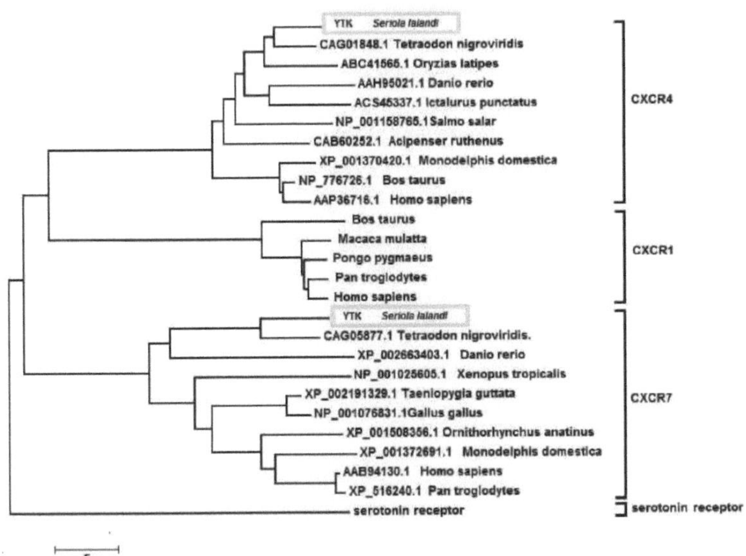

Figura 3.5. Análise filogenética de CXCR1, CXCR4 e CXCR7. A árvore filogenética foi construída utilizando o método de junção de vizinhos (Saitou e Nei, *et al.*, 1987). O YTK CXCR4 foi o mais semelhante a outros CXCR4, enquanto o YTK CXCR7 foi o mais semelhante a outros CXCR7. A barra de escala representa o número de diferenças de aminoácidos.

3. 3Expressão de genes durante o desenvolvimento larvar utilizando RT-PCR

Foi efectuada uma RT-PCR para identificar a expressão temporal dos genes CXCR4 e CXCR7 durante o desenvolvimento larvar **(Figura 3.6]**. A expressão de SDF não foi testada, pois considerou-se que a sequência YTK SDF1 de comprimento parcial (ver Figura 2,122 bp] não permitiria a amplificação de um amplicon bem definido. Verificou-se que os genes CXCR4 e CXCR7 eram expressos continuamente ao longo do desenvolvimento, de 1 DPH a 22 DPH. Os comprimentos dos amplicons para CXCR4 e CXCR7 foram de 330 pb e 120 pb, respetivamente. O gene de controlo ARP também esteve presente durante todo o desenvolvimento larvar, como demonstrado por um amplicon de 144 pb.

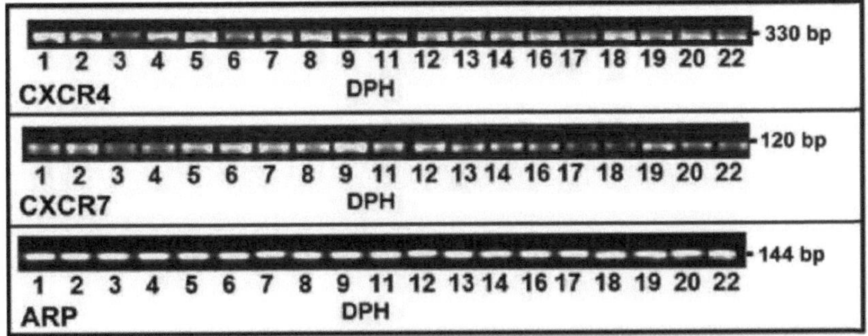

Figura 3.6. Análise da expressão genética por RT-PCR em larvas YTK em desenvolvimento (1 DPH - 22 DPH).

Foram utilizados primers específicos dos transcritos na RT-PCR para identificar os transcritos dos genes CXCR4 e CXCR7 de 1-22 DPH. Os amplicons foram visualizados por eletroforese em gel de agarose a 2% e coloração com brometo de etídio. O ARP foi utilizado como controlo (144 pb). DPH dias após a eclosão.

3.   4Expressão de genes durante o desenvolvimento larvar através de hibridação *in situ*

Foram produzidas com sucesso ribossondas anti-sentido marcadas com DIG para os genes SDF1, CXCR4, CXCR7 e ARP do YTK para permitir a investigação espacial da expressão genética em larvas YTK em desenvolvimento por WMISH e ISH de secção.

Riboprobe antisense ARP: O ARP, um gene altamente expresso, foi utilizado como controlo positivo para garantir que o método de síntese da sonda antisense, WMISH e ISH de secção era ótimo para o YTK.

A 4 DPH, os embriões de montagem completa apresentavam coloração de ribossondas ARP na maioria das células, incluindo na região da gónada em desenvolvimento **(Figuras 3.7 A-C)**. Secções de parafina obtidas de larvas a 18 DPH na região da gónada em desenvolvimento mostraram que a ARP está altamente expressa em toda a região gonadal **(Figuras 3.7 D,E)**.

Ribossonda de sentido ARP: A ARP foi também utilizada como controlo negativo para garantir que o método de síntese da sonda de sentido, WMISH e ISH da secção não resultava em coloração falsa positiva.

Aos 4 DPH, a WMISH mostrou larvas sem coloração celular em todo o corpo, incluindo a região da gónada em desenvolvimento **(Figuras 3.8 A-C)**. Secções de parafina obtidas de larvas com 18 DPH mostraram que as ribossondas ARP sense não se localizavam em nenhuma região das larvas, incluindo a região gonadal **(Figuras 3.8 D,E)**.

SDF: A 4 DPH, as larvas mostraram coloração de células na região da gónada em desenvolvimento e do cérebro. **(Figuras 3.9 A-C)**. Secções de parafina obtidas de larvas aos 18 DPH mostraram a localização de SDF na região gonadal das larvas **(Figuras 3.8, D,E)**. A expressão elevada de SDF1 é evidente na região gonadal, especificamente durante o período em que se prevê que a gónada se desenvolva.

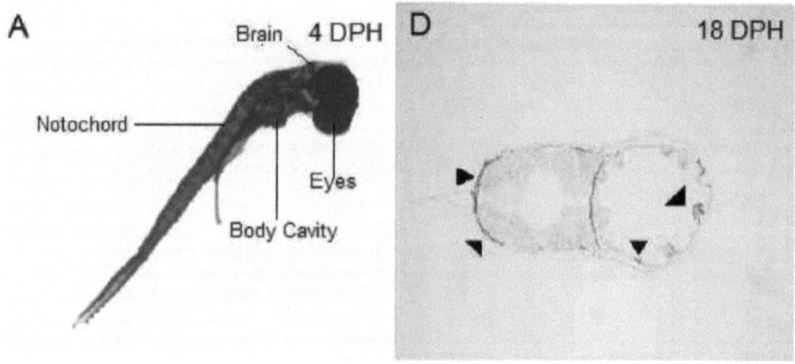

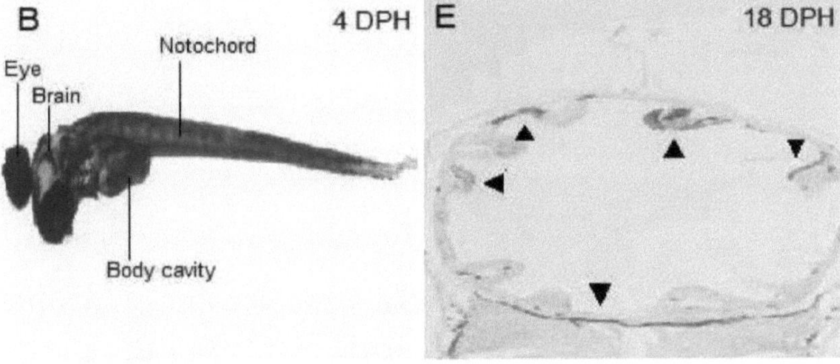

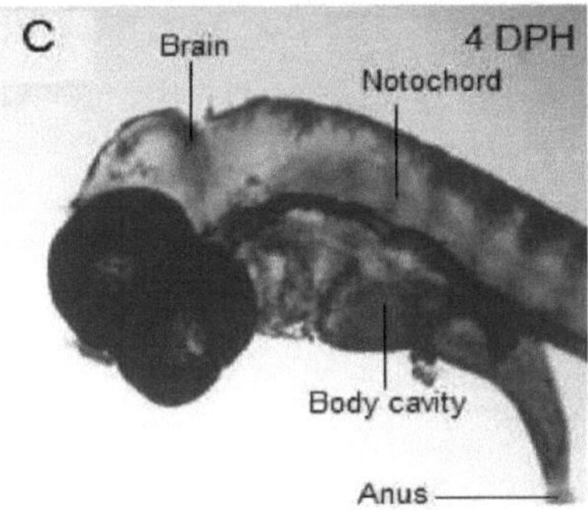

Figura 3.7. Controlo positivo da expressão espacial do transcrito do gene da proteína fosfatase ribossomal ácida (ARP) durante o desenvolvimento larvar. As sondas DIG-riboprobes anti-sentido foram utilizadas como controlo positivo para WMISH e hibridação *in situ de* secções de parafina. (A) WMISH a 4 DPH mostrando a localização em todo o corpo da ARP na vista lateral esquerda. (B) WMISH a 4 DPH mostrando a localização em áreas como a notocorda cerebral e toda a área da cavidade corporal da ARP na vista lateral rica. (C) WMISH com maior ampliação a 4 DPH mostrando a localização de ARP na cavidade corporal e a caixa, mostra a expressão positiva de ARP em todo o corpo. (D) Secção transversal de parafina ISH a 18 DPH mostrando a localização positiva da ARP em diferentes regiões (E) Secção transversal de parafina ISH a 18 DPH mostrando a área ampliada onde a ARP está expressa, indicada por triângulos nos diferentes pontos de expressão.

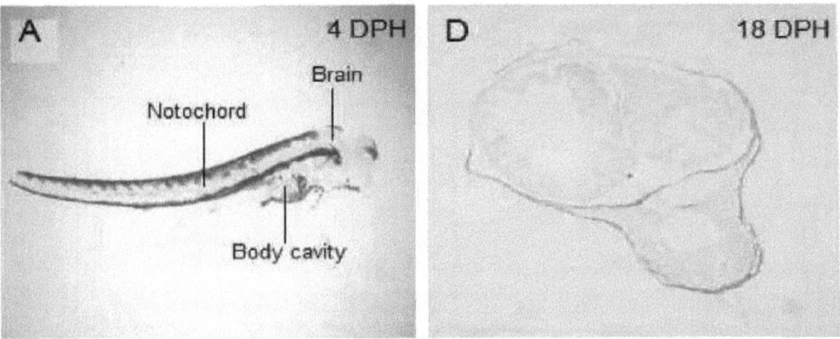

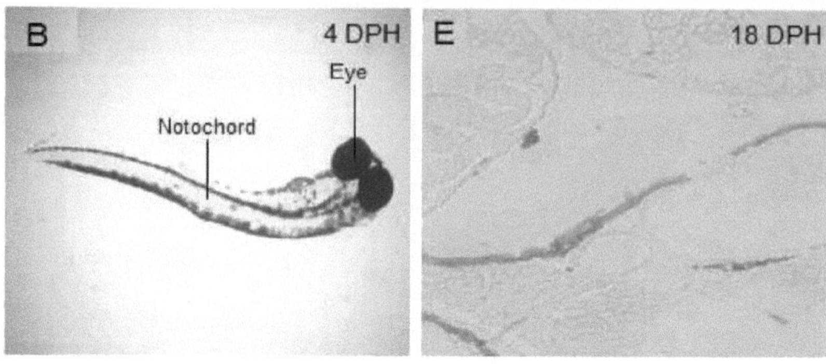

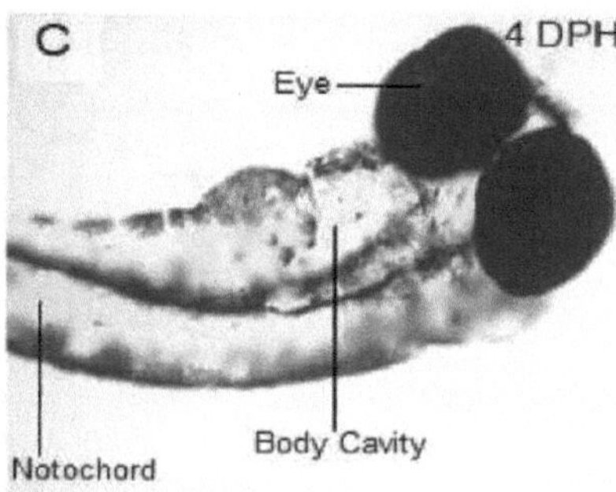

Figura 3.8: Controlo negativo da expressão espacial do transcrito do gene da proteína fosfatase ribossómica ácida (ARP) durante o desenvolvimento larvar. As sondas DIG-riboprobes com sentido foram utilizadas como controlo negativo para WMISH e hibridação *in situ de* secções de parafina. (A) WMISH a 4 DPH não mostra a localização de ARP na vista lateral direita. (B) WMISH a 4 DPH não mostra a localização de ARP na vista dorsal. (C) WMISH com maior ampliação em 4 DPH não mostrou qualquer localização de ARP e a caixa indica a região onde a gónada se desenvolveria. **(D)** Secção de parafina ISH a 18 DPH não mostra qualquer localização de ARP. (E) Secção de parafina ISH a 18 DPH com maior ampliação na região gonadal, não mostrando qualquer localização de ARP.

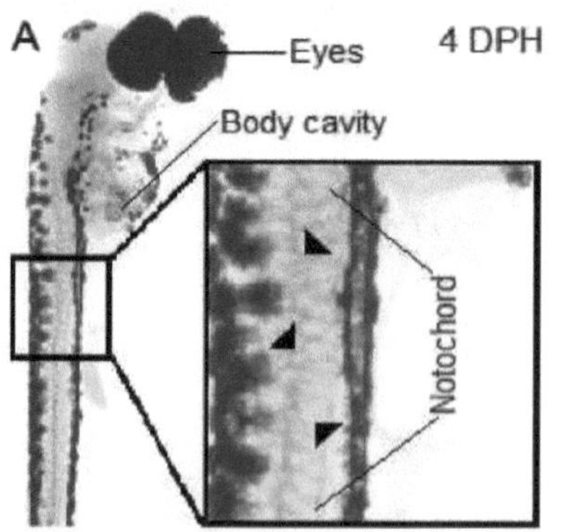

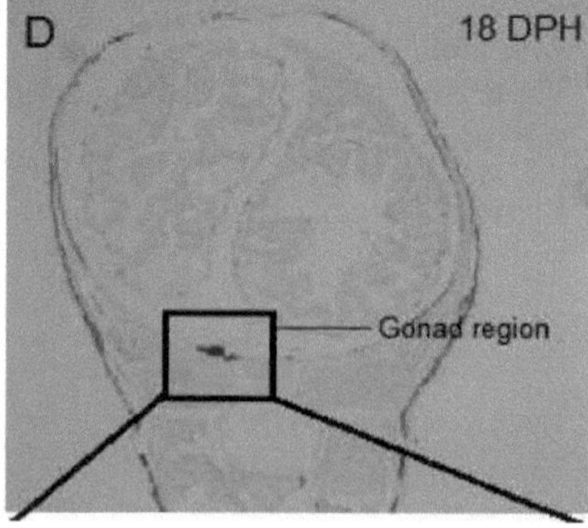

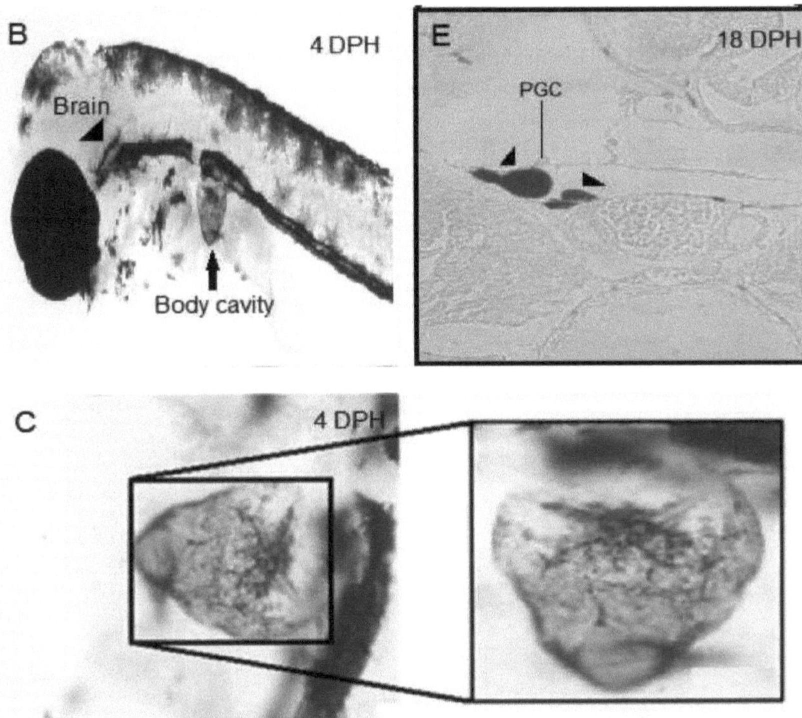

Figura 3.9: Expressão espacial do transcrito do gene do fator derivado de células estromais (SDF1) de YTK durante o desenvolvimento larvar. (A) WMISH a 4 DPH mostrando a localização de SDF1 na vista lateral direita, na caixa mostra uma maior ampliação da expressão de SDF1 na notocorda, (B) mostra a expressão de SDF1 em diferentes áreas como o cérebro e a cavidade corporal. (C) A região em caixa com maior ampliação mostra SDF1 na cavidade corporal, na região das gónadas. Secção transversal de parafina ISH a 18 DPH mostrando a localização de SDF1 na região das gónadas. A caixa representa (E) uma ampliação maior da região da gónada, mostrando a expressão de SDF1 a 18 DPH.

CXCR4: Aos 4 DPH, as larvas em montagem completa mostraram coloração em células na região da gónada em desenvolvimento para o CXCR4 **(Figuras 3.10 A-C).** O CXCR4 também foi encontrado na notocorda, no ânus e no cérebro, bem como na cavidade do corpo a 4 DPH. Identificámos o CXCR4 na região gonadal aos 18 DPH **(Figuras 3.10 D-E).**

A expressão elevada de CXCR4 foi localizada na região gonadal em desenvolvimento em ambos os DPH investigados, indicando a presença do gene CXCR4 na altura e na área certas em que a gónada se desenvolve, especificamente durante o período em que se prevê o seu desenvolvimento.

CXCR7: Aos 4 DPH, as larvas de montagem completa mostraram coloração em células na região da gónada em desenvolvimento para a riboprobe CXCR7 antisense, bem como na notocorda, ânus e cérebro **(Figuras 3.11 A-C)** e na região gonadal no dia 18 DPH **(Figuras 3.11 D E). A** elevada expressão da riboprobe anti-sentido CXCR7 foi localizada na região gonadal em ambos os dias da hibridação *in situ*, mostrando a presença do gene CXCR7 no momento certo e na área em que a gónada se desenvolve, além disso, o CXCR7 também foi encontrado em diferentes locais para além da região gonadal, como o cérebro, o ânus, a cavidade corporal e a notocorda. Isto dá-nos várias informações importantes para investigação futura.

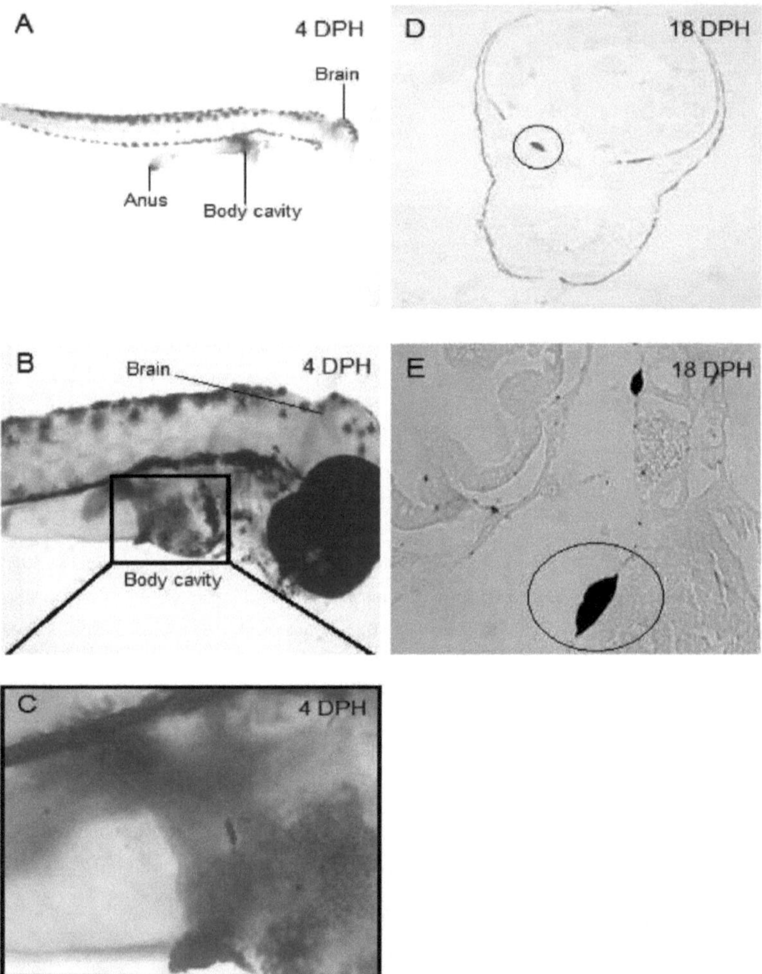

Figura 3.10. Localização espacial da expressão do transcrito do gene CXCR4 do YTK durante o desenvolvimento larvar (A) WMISH a 4 DPH mostrando a localização no cérebro, cavidade corporal e ânus na vista lateral direita, depois com maior ampliação em **(B)** e **(C)**. Numa ampliação maior, a região em caixa mostra o CXCR4 na cavidade corporal. (D) Secção transversal de parafina ISH a 18 DPH mostrando a localização de CXCR4 na região das gónadas. (E) Secção transversal de parafina ISH a 18 DPH mostrando a área de interesse ampliada com a localização de CXCR4 indicada por um círculo.

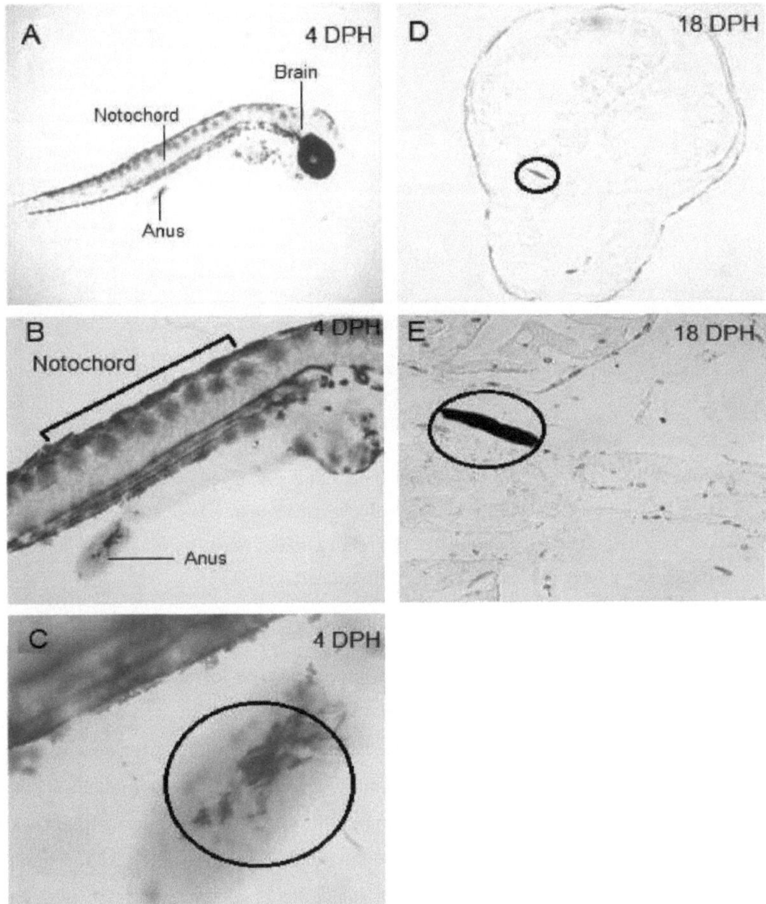

Figura 3.11. Localização espacial do transcrito do gene YTK CXCR7 durante o desenvolvimento larvar. **(A)** WMISH a 4 DPH mostrando a localização no cérebro, cavidade corporal, ânus e notocorda do CXCR7 na vista lateral direita e depois com uma ampliação progressivamente maior em **(B)** e **C)**. A ampliação digital mais elevada na região em caixa mostra o CXCR4 na região do ânus. (D) Secção transversal de parafina ISH a 18 DPH mostrando a localização de CXCR7 na região gonadal. (E) Secção transversal de parafina ISH a 18 DPH mostrando a área de interesse ampliada com a localização de CXCR7, indicada por um círculo.

3.5 Expressão da proteína SDF1 a 7 DPH

Para examinar a distribuição da proteína SDF1 durante o desenvolvimento das larvas YTK, foi utilizado um anticorpo SDF1 na localização imunofluorescente. A análise imuno-histoquímica revelou a expressão de SDF1 nas larvas aos 7 DPH, especificamente na região das gónadas **(Figura 3.12)**. A proteína SDF1 também foi encontrada noutros locais, para além da região das gónadas, como o cérebro (dados não apresentados).

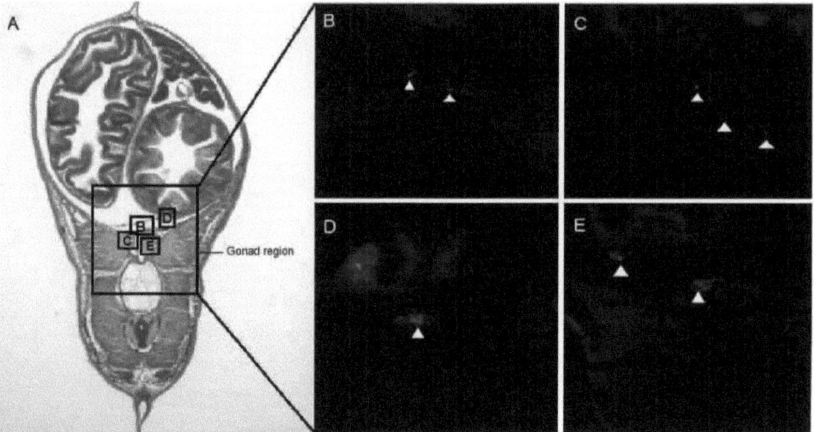

Figura 3.12. Localização imunofluorescente da proteína YTK SDF1 a 7 DPH. Foi utilizado um anticorpo SDF1 com um anticorpo secundário Alexa-388 (verde) em secções de parafina. (A) Secção transversal representativa em parafina de uma larva a 7 DPH (corada com H&E), mostrando a região de interesse. **(B)** Localização da proteína SDF1 na região das gónadas. As caixas nas figuras **(C)** e **(D)** representam a região da gónada na secção de parafina e as setas brancas indicam os pontos verdes produzidos pelo anticorpo SDF1 (E).

4. Discussão

Neste estudo, o nosso objetivo foi identificar componentes importantes de migração de PGC no YTK, compará-los com homólogos existentes noutras espécies e realizar uma análise de expressão durante o desenvolvimento larvar. Partimos da hipótese de que os componentes de migração do PGC teriam semelhanças com os que foram identificados na investigação do peixe modelo, o peixe-zebra, bem como noutras espécies, mas também esperávamos diferenças distintas nas sequências e na sua expressão espácio-temporal, dada a sua separação evolutiva. Descobrimos que o YTK tem de facto os genes SDF1, CXCR4 e CXCR7 que são altamente homólogos aos encontrados no peixe-zebra. Os seus perfis de expressão espácio-temporal durante o desenvolvimento larvar sugerem um papel na migração de células germinativas primordiais em YTK.

4.1 O exame histológico da gónada YTK em desenvolvimento revela PGCs em migração

A identificação dos genes e a análise da expressão espácio-temporal só puderam ser efectuadas depois de termos investigado o desenvolvimento das larvas YTK a nível histológico e, em particular, a região da gónada em desenvolvimento. Esta análise das larvas de YTK durante o desenvolvimento nunca tinha sido examinada anteriormente. Estudos desta natureza noutros peixes revelaram que o período crítico da migração do PGC e do desenvolvimento da gónada se situava nos primeiros 15 DPH. Por exemplo, no dia 10 do desenvolvimento do peixe-zebra, as PGCs comprimiram-se com as células somáticas para formar os primórdios da gónada [Braat *et al.*, 1999; Yoon *et al.*, 1997]. Apesar das diferenças nos tamanhos dos adultos, observou-se que o momento da formação das gónadas primordiais do YTK é semelhante ao do peixe-zebra (resultados não publicados; Erin Bubner, Port

Lincoln, Austrália). Por conseguinte, considerámos que 22 DPH definiria claramente as observações histológicas necessárias para captar o desenvolvimento do PGC e das gónadas da YTK.

4.2 A maquinaria molecular da migração de PGC é altamente conservada em YTK

A ideia de que o SDF1 desempenha um papel central na migração de PGC em YTK deriva de descobertas em organismos modelo como o peixe-zebra e o rato (Stebler et *al.*, 2004, Raz et al., 2004). Utilizando primers de PCR degenerados baseados na sequência de SDF1 destes animais, o SDF1 do YTK foi amplificado por PCR, clonado e sequenciado (122 pb). Isto permitiu uma análise pormenorizada dos aminoácidos e das possíveis modificações pós-tradução. Por exemplo, uma região candidata óbvia é a que se situa em torno do seu motivo DRY (Sierro et *al.*, 2007), um motivo no segundo loop intracelular que é importante para o acoplamento e a sinalização da proteína G (Montavani et *al.*, 2006) e que é altamente conservado no CXCR4 e no CXCR7. Nomeadamente, houve conservação dos resíduos de cisteína na sequência obtida, que são importantes para definir a sua forma tridimensinal (Richardson et *al.*, 1990). Estas características podem ser utilizadas na procura de proteínas semelhantes em espécies menos bem caracterizadas, como o atum e o bonito australiano.

Do mesmo modo, com base em estudos anteriores em animais modelo, os receptores de quimiocinas CXCR4 e CXCR7 foram seleccionados para este estudo. Utilizando primers de PCR degenerados, baseados em sequências homólogas destes genes noutros animais, foram amplificadas, clonadas e sequenciadas sequências de comprimento parcial (458 pb e 258 pb, respetivamente) do YTK CXCR4 e CXCR7. A identificação destas sequências permitiu uma análise mais pormenorizada dos aminoácidos e das possíveis modificações pós-traducionais. . As sequências de CXCR4 e CXCR7 de YTK foram comparadas com as sequências de outros receptores de quimiocinas de outras espécies que representam linhagens filogeneticamente divergentes. Observou-se que existe uma elevada semelhança de sequências entre os receptores de quimiocinas das diferentes espécies. Em particular, o motivo "DRY" está frequentemente presente nos GPCR no início do domínio intracelular 2, que é conhecido por ser crítico para a ativação de componentes de sinalização intracelular, como as proteínas G (Montavani et *al.*, 2006). Além disso, é provável que ocorram ligações dissulfureto pós-traducionais entre os resíduos de cisteína conservados identificados, proporcionando estabilidade conformacional do recetor no interior da membrana celular.

Estudos anteriores sobre a migração de PGC em peixe-zebra indicaram que outros componentes moleculares poderiam desempenhar um papel na migração, para além do SDF e dos receptores de quimiocinas. Por exemplo, a enzima 3-hidroxi-3-metilglutaril coenzima A redutase parece ser crucial na regulação da velocidade óptima de migração das PGC em peixe-zebra (Santos et *al.*, 2004). Além disso, a proteína transmembranar induzida por interferão, que gera um ambiente repulsivo para a migração de PGC, foi identificada no peixe-zebra (Raz et *al.*, 2004). É provável que estes elementos também sejam importantes na migração de PGC nas larvas YTK em desenvolvimento. Para compreender melhor estes elementos, propomos que uma análise completa do transcriptoma ajude a elucidar estas sequências que podem depois ser utilizadas para definir um papel potencial na migração dos PGC do YTK.

4.3 A distribuição espácio-temporal de genes YTK recentemente identificados sugere um papel na migração de PGC

Neste estudo, utilizámos as sequências genéticas YTK de comprimento parcial identificadas como sondas para começar a definir a expressão de transcrições SDF e CXCR de 1-22 DHP; um período que foi observado como crítico para a migração de PGC e desenvolvimento de gónadas (ver análise histológica). Foram escolhidos dois métodos para investigar a expressão de genes e proteínas de migração de PGC. Primeiro, RT-PCR usando primers específicos de genes derivados de sequências obtidas de experiências de clonagem de genes, para identificar o momento da expressão do gene durante o desenvolvimento larvar. Em segundo lugar, foram utilizadas secções de parafina e de montagem integral para hibridização *in situ*, a fim de fornecer informações adicionais sobre a localização e o momento da expressão dos genes ao longo do desenvolvimento larvar. Estes dois métodos permitiram-nos obter informações que não tinham sido anteriormente detalhadas num peixe Perciforme.

Os nossos resultados de expressão temporal positiva destes genes ao longo de 22 DPH são consistentes com outros estudos. Por exemplo, no peixe-zebra, o CXCR4 é expresso mesmo antes de 1 DPH (no embrião), começando logo na primeira clivagem do ovo (Knaut *et al.*, 2003). Além disso, no peixe medaka, o CXCR4 é transitoriamente expresso nas fases iniciais de desenvolvimento antes de se deslocar mais para o pólo animal (Hiromi, *et al.*, 2006). Curiosamente, o CXCR7 da medaka é expresso nos somitos e depois expande-se posteriormente com o desenvolvimento, colocando a margem posterior imediatamente anterior à população de PGC que se desloca posteriormente (Sasado *et al.*, 2008). No YTK, descobrimos que os genes CXCR4 e CXCR7 são expressos de 1DPH a 22 DPH, e provavelmente até à idade adulta. De facto, a identificação inicial da nossa sequência de CXCR7 de comprimento parcial (258 bp) a partir de testículos imaturos, sugere um papel no YTK maduro.

Os resultados da hibridação *in situ* (4 DPH e 18 DPH) confirmam a continuação da expressão dos genes na região gonadal, na notocorda cerebral e no ânus, bem como nas regiões gonadais. A identificação de transcrições de YTK SDF1, CXCR4 e CXCR7 na região gonadal sugere um envolvimento no desenvolvimento gonadal e um papel potencial na orientação dos PGCs ao longo da sua migração, tal como descrito para o peixe-zebra (Raz *et al2004*). YTK SDF1 foi mais claramente expresso na cavidade corporal, no cérebro e no ânus 4 DPH, enquanto que se encontra na região gonadal em 7 DPH e 18 DPH. Entretanto, o CXCR4 foi expresso na notocorda, no ânus e no cérebro, bem como na cavidade corporal no 4º DPH, e foi expresso na região gonadal no 18º DPH. O CXCR7 também foi expresso na notocorda, no ânus e no cérebro na WMISH 4 DPH e na região gonadal nas secções 18 DPH. Em estudos com peixe-zebra, os receptores de quimiocinas foram expressos na região gonadal e no cérebro (Holger *et al.*, 2003), mas, em contraste, verificámos que os receptores de quimiocinas do YTK foram expressos na região do ânus e na notocorda. Isto sugere que, em YTK, as quimiocinas podem desempenhar um papel na migração celular nestas áreas, para além da migração de PGC.

Estava disponível um anticorpo comercial para SDF1 (não existe atualmente nenhum anticorpo para receptores de quimiocinas), o que permitiu uma investigação preliminar da localização da proteína SDF1 em YTK. Este anticorpo foi produzido contra toda a região do SDF1 do rato. O nosso alinhamento comparativo mostra uma elevada conservação com o SDF1 de mamíferos (humano, 88%), indicando uma elevada probabilidade de reconhecimento do anticorpo. A nossa coloração imunofluorescente mostrou uma coloração específica das regiões esperadas na região das gónadas e em algumas áreas do cérebro em 7 DPH, confirmando a sua capacidade para detetar o SDF1 do YTK.

A investigação deve ser direccionada para a obtenção da sequência completa dos genes utilizando a amplificação rápida 3'- e 5'- das extremidades do cDNA. Além disso, devem ser realizados mais trabalhos de hibridação *in situ* em YTK em secções de parafina e em montagem integral, para encontrar posições mais exactas das expressões dos genes durante o desenvolvimento larvar.

Finalmente, propomos que o trabalho futuro seja dirigido a outras espécies de perciformes para identificar até que ponto o sistema de sinalização PGC é conservado em todo este grupo, e em particular no atum rabilho do Sul; como adultos, são difíceis de gerir em aquacultura. Uma solução para este problema é a implementação de tecnologias inovadoras de substituição, em que outras espécies de peixes mais fáceis de gerir, como o peixe-rei de cauda amarela, se tornam substitutos de gâmetas de atum (Yoshisaki *et al.,* 2004). Isto acontece quando os PGCs são retirados de uma espécie de peixe e implantados noutra espécie substituta.

Desde o recente sucesso do salmão masu como substituto da truta arco-íris (Takeuchi *et al.,* 2004), o objetivo tem sido utilizar esta tecnologia com outras espécies consideradas economicamente atractivas para a comunidade do mercado de peixe. Por exemplo, a tecnologia de substituição constituiria uma oportunidade significativa para melhorar a pesca do atum rabilho do Sul. O atum é importante para o mercado de exportação australiano, mas as dificuldades associadas à reprodução e ao crescimento limitam severamente a sua expansão como indústria de aquacultura. Para ajudar a perceber se o YTK pode ser um substituto para o atum, os genes SDF1, CXCR4 e CXCR7 podem ajudar-nos a compreender se e quando é a melhor altura para injetar PGCs em espécies substitutas. Em última análise, isto proporcionar-nos-á uma oportunidade sem precedentes para avançar drasticamente na tecnologia da aquicultura do atum.

4.4 Conclusões

Em suma, esta investigação fornece novas informações significativas sobre a quimiocina SDF1 e os receptores de quimiocinas, CXCR4 e CXCR7, em YTK. Para os seres humanos, as YTK são membros importantes do grupo dos peixes perciformes, um grupo grande e diversificado que tem um grande impacto nos seres humanos. As sequências de YTK SDF1, CXCR4 e CXCR7 foram isoladas e comparadas com genes homólogos de outras espécies, mostrando uma identidade significativa de aminoácidos com outros grupos. Para além disso, os genes parecem ser expressos ao longo de 1 a 22 DPH, e na região onde se desenvolve a gónada primordial. Estas descobertas permitem agora uma investigação nova e inovadora centrada noutras espécies de peixes, bem como o desenvolvimento de tecnologia de substituição, que poderá ter implicações de longo alcance nos domínios aplicados da biotecnologia da aquacultura.

5. Agradecimentos

Gostaríamos de agradecer à University of the Sunshine Coast pela bolsa URG concedida a AE e SC. O projeto foi também apoiado pelo orçamento de investigação de honra da USC para JF.

6. Referências

Airong, J., Xiao-Hua, Z., Molecular Cloning, junho de 2009. Caracterização e análise da expressão do gene CXCR4 do pregado: Scophthalmus maximus, Journal of Biomedicine and Biotechnology.

Anne, T., New technology for high-speed study of zebrafish larvae works in seconds julho 2010

Ara, T., Nakamura, Y., Egawa, T., Sugiyama, T., Abe, K., Kishimoto, T., Matsui, Y., Nagasawa, T., 2003. Colonização prejudicada das gônadas por células germinativas primordiais em camundongos sem uma quimiocina, fator-1 derivado de células estromais (SDF-1). Proc. Natl. Acad. Sci. U. S.A. 100, 5319-5323.

Braat , K., Zandbergen, T., Van de Wate, S., Goos, H., e Zivkovic, D., Characterization of zebrafish primordial germ cells: morphology and early distribution ofvasa RNA. Dev. Dyn. (1999) 216,153-167.

Camerino, G., Parma, P., Radi, 0., Valentini, S., 2006. Determinação do sexo e inversão do sexo. Curr. Opin. Genet. Dev. 16, 289-292.

Delvin, R.H., Nagahama, Y., 2002. Determinação do sexo e diferenciação sexual em peixes. Aquaculture 208, 191-364.

Doitsidou, M., Reichman-Fried, M., Stebler, J., Koprunner, M., Dorries, J., Meyer, D., Esguerra, C.V., Leung, T., Raz, E., 2002. Orientação da migração de células germinativas primordiais pela quimiocina SDF-1. Cell, 111, 647-659.

Fóssil, Museu, Navegação, Classe, Actinopterygii, http://www.fossilmuseum.net/

G. Maack, H. Segnert, fevereiro de 2003. Desenvolvimento morfológico das gónadas no peixe-zebra. Centro de Investigação Ambiental da UFZ, Departamento de Ecotoxicologia Química.

Herpin A, Fischer P, Liedtke D, Kluever N, Neuner C, Raz E, Schartl M, 2008. A mobilidade sequencial induzida por SDFla e b orienta a migração de PGC de Medaka. Developmental biology, 320(2):319-327.

Heiko, B., Michal, R., Fried, I., Karin, D., Florence, L., Koichi, K., Lilianna, S., Carl Philipp, H., Raz., novembro, 2006. Migração de Células Germinativas Primordiais de Zebrafish: A Role for Myosin Contraction and Cytoplasmic Flow Developmental Cell 11,613- 627.

Hiromi, K., Yumiko, A., Shuhei, N., Youko E, Daisuke, K., e Minoru, T., 2006. Time-lapse analysis reveals different modes of primordial germ cell migration in the medaka Oryzias latipes. Develop. Growth Differ. 48, 209-221

Horuk R. Molecular properties of the chemokine recetor family (Propriedades moleculares da família de receptores de quimiocinas). Tendências nos EUA
Pharmacol Sci 1994;15:159-65.

Jurg, S., Derek, S., Krasimir, S., Kathleen, A., Ulrike, R., Vlad, C. ,dVictor, T., Chris, W., cMichael, K., e E, Raz., 2 de abril de 2004. Primordial germ cell migration in the chick and mouse embryo: the role of the chemokine SDF-1 and CXCL12, Germ Cell Development, Max Planck Institute for Biophysical Chemistry.

Knaut, H., Werz, C., Geisler, R., Nusslein-Volhard, C., 2003. A zebrafish homologue of the chemokine recetor Cxcr4 is a germ-cell guidance recetor. Nature 421, 279- 282.

Laing KJ., Secombes CJ., 2003. Chemokines. Dev Comp Immunol;28:443-60.

Mantovani, A., Bonecchi ,R., Locati, M., 2006. Afinar a inflamação e a imunidade através do sequestro de quimiocinas: chamarizes e mais. Nat Rev Immunol; 6:907-18.

Molyneaux, K.A., Zinszner, H., Kunwar, P.S., Schaible, K., Stebler, J., Sunshine, M.J., O'Brien,W., Raz, E., Littman, D., Wylie, C., Lehmann, R., 2003. A quimiocina SDF1/ CXCL12 e o seu recetor CXCR4 regulam a migração e a sobrevivência das células germinativas do rato. Development 130, 4279-4286.

Murdoch, C., Finn, A., 2000. Chemokine receptors and their role in inflammation and infectious diseases (Receptores de quimiocinas e seu papel na inflamação e doenças infecciosas). Blood;95: 3032-43.

Nieuwkoop, Sutasurya, Células germinativas primordiais nos cordados: Embryogenesis and Phylogenesis. Cambridge University Press; 1979:118-123.

Nocillado, J., Levavi-Sivan, B., Carrick, F., Elizur, A., 2007. Temporal expression of G-protein-coupled recetor 54 (GPR54), gonadotropin-releasing hormones (GnRH), and dopamine recetor D2 (drd2) in pubertal female grey mullet, *Mugil cephalus.* General and comparative endocrinology, 150:278-287.

Nomiyama, H., Hieshima, K., Osada, N., Kato-Unoki, Y., 2008. Expansão e diversificação extensivas da família de genes de quimiocinas no peixe-zebra: Identificação de uma nova subfamília de quimiocinas CX. BMC Genomics, 9:222.

Okutsu, T., Yano, A., Nagasawa, K., Shikina, S., Kobayashi, T., Takeuchi, T., Yoshizaki, G., Dev 2006. Manipulação de células germinativas de peixe: visualização, criopreservação e transplante. J Reprod; 52: 685-693

Raz, E., 2004. Guidance of primordial germ cell migration (Orientação da migração de células germinativas primordiais). Curr Opin Cell Biol, 16:169-173.

Richardson, BE., Lehmann, R., junho de 2010. Mechanisms guiding primordial germ cell migration: strategies from different organisms (Mecanismos que guiam a migração de células germinativas primordiais: estratégias de diferentes organismos). Nature reviews Molecular cell biology, ll(l):37-49.

Rovati, E, Capra, V., Neubig, R., 2006 Dez 27. O motivo DRY altamente conservado dos receptores acoplados à proteína G de classe A: além do estado fundamental. Mol Pharmacol. 2007 Apr;71 Epub (4):959-64.

Santos , C., Lehmann, R., Germ cell specification and migration in Drosophila and beyond. Gurr Biol 2004,14:R578-R589.

Sasado, T., Yasuoka, A., Abe, K., Mitani, H., Furutani-Seiki, M., Tanaka, M., Kondoh, H., 2008. Distinct contributions of CXCR4b and CXCR7/RDC1 recetor systems in regulation of PGC migration revealed by medaka mutants kazura and yanagi. Biologia do Desenvolvimento, 320(2):328-339

Shinya, S., e Goro, Y,. 2010. Melhoria das condições de cultura in vitro para aumentar a sobrevivência, a atividade mitótica e a transplantabilidade da espermatogónia tipo A da truta arco-íris. BOR Papers in

Press.

Shinya, S., Shoko, I., Yohizaki, G., 2008. Condições de cultura para manter a sobrevivência e a atividade mitótica da espermatogónia transplantável tipo A da truta arco-íris. Reprodução molecular e desenvolvimento 75:529-537

Sierro ,F., Biben, C., Martinez Munoz, L., Mellado, M., Ransohoff, R,M., Li, M,. 2007.. Desenvolvimento cardíaco perturbado mas hematopoiese normal em ratinhos deficientes no segundo recetor CXCL12/SDF-1, CXCR7. Actas do Congresso Nacional Academia de Ciências dos Estados Unidos da América; 104:14759-64.

Stebler, J., Spieler, D., Slanchev, K., Molyneaux, KA., Richter, U., Cojocaru, V., Tarabykin,V., Wylie, C., Kessel, M., Raz, E., Agoust 2004. Primordial germ cell migration in the chick and mouse embryo: the role of the chemokine SDF- 1/CXCL12. Dev Biol.

Takao, S., Akihito, Y., Keiko, A., Hiroshi, M., Makoto, F., 15 de agosto de 2008. Contribuições distintas dos sistemas de receptores CXCR4b e CXCR7/RDC1 na regulação da migração de PGC reveladas pelos mutantes kazura e yanagi da medaka. Biologia do Desenvolvimento, 328-339.

Takeuchi, Y., Yoshizaki, G., Takeuchi, T., Nature 2004. Biotechnology: surrogate broodstock produces salmonids, 430(7000):629-630.

Vladdi, K." Keller, M., Newton, RC., The chemokine factsbook. London: Academic Press; 1997. Richardson BE, Lehmann R: Mechanisms guiding primordial germ cell migration: strategies from different organisms (Mecanismos que orientam a migração de células germinativas primordiais: estratégias de diferentes organismos). Nature reviews Molecular cell biology, ll(l):37-49.

VF, Degnan, 2002. BM. Mox homeobox expression in muscle lineage of the gastropod Haliotis asinina: evidence for a conserved role in bilaterian myogenesis. Development genes and evolution. 212(3):141-144.

Wylie, C,. Células germinativas. Cell (1999; 96:165-174).

Werner, M.H., Huth, J.R., Gronenborn, A.M., Clore, G.M., 1996. Determinantes moleculares do sexo dos mamíferos. Trends Biochem. Sci. 21, 302-308.

Yoon, C., Kawakami, K., e Hopkins ,N., 1997. Zebrafish vasa homologue RNA is localized to the cleavage planes of 2- and 4-cell-stage embryos and is expressed in the primordial germ cells. Desenvolvimento 124, 3157-3165.

Yoshizaki, G., Takeuchi, Y., Kobayashi, T., Ihara, S. e Takeuchi, T., Fish Physiol. Biochem., (2002, 26, 3-12.)

Zlotnik, A., Yoshie, 0., 2000. Chemokines: a new classification system and their role in immunity; 12:121-7.

yes
I want morebooks!

Buy your books fast and straightforward online - at one of world's fastest growing online book stores! Environmentally sound due to Print-on-Demand technologies.

Buy your books online at
www.morebooks.shop

Compre os seus livros mais rápido e diretamente na internet, em uma das livrarias on-line com o maior crescimento no mundo! Produção que protege o meio ambiente através das tecnologias de impressão sob demanda.

Compre os seus livros on-line em
www.morebooks.shop

Printed by Books on Demand GmbH, Norderstedt / Germany